西部地域绿色建筑设计研究系列丛书　　　　　　　　　丛书总主编：庄惟敏　　主编：杨真静　杜春兰　熊　珂

西南多民族聚居区
地域绿色建筑设计图集

Collective Design

Drawings of Green Building in the Southwest of China Multi-rithnic Regions

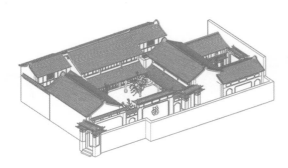

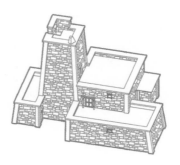

中国建筑工业出版社

图书在版编目（CIP）数据

西南多民族聚居区地域绿色建筑设计图集 ＝
Collective Design Drawings of Green Building in
the Southwest of China Multi-rithnic Regions／杨
真静，杜春兰，熊珂主编．— 北京：中国建筑工业出版
社，2021.10
（西部地域绿色建筑设计研究系列丛书）
ISBN 978-7-112-26715-6

Ⅰ.①西… Ⅱ.①杨…②杜…③熊… Ⅲ.①生态建
筑—建筑设计—图集—西南地区 Ⅳ.① TU201.5-64

中国版本图书馆CIP数据核字（2021）第211377号

图集共包含4章，首先通过第1章"民族与地理特征"，分析西南地区民族族群分布特点、地形地貌及气候特征，并确定10个典型民族；其次，第2章"典型民族聚落与建筑"从建筑设计角度，在聚落选址与布局、建筑平面形制、形体布局、缓冲空间、特色细部等方面概括各典型民族本土建筑文化和技术策略；再次，第3章"建筑材料与构造"在分析西南传统民居建筑材料及构造与西南地理气候适配的基础上，从墙体、屋面、楼地面及外门窗方面分类梳理了围护结构传统做法及展现文脉风貌的现代做法；最后，第4章"'文绿结合'的当代优秀案例解析"分析了已建成的具有鲜明地域文化特色的绿色建筑案例。

责任编辑：许顺法 陈 桦 王 惠
责任校对：王 烨

西部地域绿色建筑设计研究系列丛书
西南多民族聚居区地域绿色建筑设计图集
Collective Design Drawings of Green Building in the Southwest of China Multi-rithnic Regions
丛书总主编：庄惟敏
主编：杨真静 杜春兰 熊 珂

＊

中国建筑工业出版社出版、发行（北京海淀三里河路9号）
各地新华书店、建筑书店经销
北京雅盈中佳图文设计公司制版
天津图文方嘉印刷有限公司印刷

＊

开本：880毫米×1230毫米 横1/16 印张：11 字数：314千字
2021年12月第一版 2021年12月第一次印刷
定价：79.00元
ISBN 978-7-112-26715-6
（38008）

《西部地域绿色建筑设计研究系列丛书》总序

中国西部地域辽阔、气候极端、民族众多、经济发展相对落后，绿色建筑的发展无疑面临着更多的挑战。长久以来，我国绿色建筑设计普遍存在"重绿色技术性能"而"轻文脉空间传承"的问题，一方面，中国传统建筑经千百年的实践积累其中蕴含了丰富的人文要素与理念，其建构理念没有得到充分的挖掘和利用；另一方面，大量具有地域文化特征的公共建筑，其绿色性能往往不高。目前尚未有成熟的地域绿色建筑学相关理论与方法指导，从根本上制约了建筑学领域文化与绿色的融合发展。

近年来，国内建筑学领域正从西部建筑能耗与环境、地区建筑理论等方面尝试创新突破。技术上，发达国家在绿色建筑新材料、构造、部品等方面已形成成熟的技术产业体系，转向零能耗、超低能耗建筑研发；创作实践上，各国也一直在探索融合地域文化与绿色智慧的技术创新。但发达国家的绿色建筑技术造价昂贵，各国建筑模式、技术体系基于不同的气候条件、民族文化，不适配我国西部地区的建设需求，生搬硬套只会造成更高的资源浪费和环境影响，迫切需要研发适宜我国地域条件的绿色建筑设计理论和方法。

基于此，"十三五"国家重点研发计划项目"基于多元文化的西部地域绿色建筑模式与技术体系"（2017YFC0702400）以西部地域建筑文化传承和绿色发展一体协同为宗旨，采取典型地域建筑分类数据采集与数据库分析方法、多学科交叉协同的理论方法、多层次、多专业、全流程的系统控制方法及建筑文化与绿色性能综合模拟分析方法，变革传统建筑设计原理与方法，建立基于建筑文化传承的西部典型地域绿色建筑模式和技术体系，编制相关设计导则和图集，开展综合技术集成、工程示范和推广应用，通过四年的研究探索，形成了系列研究成果。

本系列丛书即是对该重点专项成果的凝练和总结，丛书由专项项目负责人庄惟敏院士任总主编、专项课题负责人单军教授、雷振东教授、杜春兰教授、周俭教授、景泉院长联合主编；由清华大学、同济大学、西安建筑科技大学、重庆大学、中国建筑设计研究院有限公司等16家高校和设计研究机构共同完成，包括三部专著和四部图集。《基于建筑文化传承的西部地域绿色建筑设计研究》《西部传统地域建筑绿色性能及原理研究》《西部典型地域特征绿色建筑工程示范》三部专著厘清了西部地域绿色建筑发展的背景、特点、现状和目标，梳理了地域建筑学、绿色建筑学的基本理论，探讨了"传统绿色经验现代化"与"现代绿色技术地域化"的可行途径，提出了"文绿一体"的地域绿色建筑设计模式与评价体系，并将其应用于西部典型地域绿色建筑示范工程上，从而通过设计应用优化了西部地域绿色建筑学理论框架。四部图集中，《西部典型传统地域建筑绿色设计原理图集》对西部典型传统地域绿色建筑的设计原理进行了总结性凝练，为建筑师在西部地区进行地域性绿色建筑创作提供指导和参照；《青藏高原地域绿色建筑设计图集》《西北荒漠区地域绿色建筑设计图集》《西南多民族聚居区地域绿色建筑设计图集》分别以青藏高原地区、西北荒漠区、西南多民族聚居区为研究范围，凝练各地区传统地域绿色建筑的设计原理，并将其转化为空间模式、材料构造、部品部件的图示化语言，构建"文绿一体"的西北荒漠区绿色建筑技术体系，为西部不同地区的地域性绿色建筑创作提供进一步的技术支撑。

本系列丛书作为国内首个针对我国西部地区探索建筑文化与绿色协同发展的研究成果，以期为推进西部地区"文绿一体"的建筑设计研究与实践提供相应的指导价值。

本系列丛书在编写过程中得到了西安建筑科技大学刘加平院士、清华大学林波荣教授和黄献明教授级高级建筑师、西北工业大学刘煜教授、西藏大学张筱芳教授、中煤科工集团重庆设计研究院西藏分院谭建魂书记等专家学者的中肯意见和大力协助，中国建筑设计研究院有限公司、中国建筑西北设计研究院有限公司、深圳市华汇设计有限公司、天津华汇工程设计有限公司、重庆市设计院以及陕西畅兴源节能环保科技有限公司等单位为本丛书的编写提供了技术支持和多方指导，中国建筑工业出版社陈桦主任、许顺法编辑、王惠编辑为此付出了大量的心血和努力，在此特表示衷心的感谢！

庄惟敏

2021 年 5 月

前言

绿色建筑这一概念从 20 世纪 90 年代引入我国，经过近 30 年的发展，已成为现代建筑产业发展的主流趋势，相关国家与地方标准已日臻完善，设计方法也日趋成熟，但这些既有标准与设计方法都以现代绿色技术为主，缺乏外在表现和地域认同感，呈现出"重建筑性能"而"轻文化传承"的现象，文化与技术相脱离。中国西南地区民族族群多样，整体文化多元，地形气候复杂，且多民族混居。虽都受汉文化影响，各民族既相互融合但又各有差异，其建筑文化也具有典型多样性，传统建造技艺丰富多彩，大量适应本土气候与地形的绿色建造智慧有待继承与发扬。因此，既有的普适通用的绿色建筑模式、技术体系已不适配我国西南地区的建设发展需求。亟需构建"文化与技术"协同的本土化的绿色建筑模式与技术。

基于此，在"十三五"国家重点研发计划项目"基于多元文化的西部地域绿色建筑模式与技术体系"（2017YFC0702400）的支持下，重庆大学课题组承担了西南多民族聚居区地域绿色建筑设计图集的研究工作，以期通过该图集的编写，总结该地区传统绿色建造智慧，满足现代绿色性能，为西南地区地域绿色建筑的发展提供具体的技术指导。

课题组先后对我国西南地区的四川、重庆、云南、贵州、广西等多地区本土建筑分次进行了大量的实地考察和分析研究工作。课题组于 2017 年 12 月至 2020 年 12 月，出动 70 余人次对四川省凉山羌族自治县，云南省昆明市、楚雄彝族自治州、西双版纳傣族自治州、大理白族自治州，贵州省铜仁市、安顺市、黔东南苗族侗族自治州，广西壮族自治区桂林市、百色市，重庆市江津区、黔江区等地本土建筑进行了多次调研与测绘工作。建筑类型主要包括半边楼、吊脚楼、竹楼、跺木房等干栏式民居，土掌房、碉楼、屯堡等夯土与石砌民居，一颗印、三坊一照壁、四合五天井等合院式民居。

在广泛的调研基础上，课题组参考了西南地区各地有关节能标准、设计导则、图集，以及与该方面研究相关的专著、论文等资料，经过反复研讨与大量绘图分析编著出《西南多民族聚居区地域绿色建筑设计图集》初稿，其后，杨真静、熊珂、徐亚男、董鑫、胡楼君、刘虹伶、田雨、程灿华、李宇锋等人对图集进行多次校审与修订，最终成稿。

本图集首先通过第 1 章"民族与地理特征"，分析西南地区民族族群分布特点、地形地貌及气候特征，并确定 10 个典型民族；其次，第 2 章"典型民族聚落与建筑"从建筑设计角度，在聚落选址与布局、建筑平面形制、形体布局、缓冲空间、特色细部等方面概括各典型民族本土建筑文化和技术策略；再次，第 3 章"建筑材料与构造"在分析西南传统民居建筑材料及构造与西南地理气候适配的基础上，从墙体、屋面、楼地面及外门窗方面分类提供了围护结构传统做法及展现文脉风貌的现代做法；最后，第4章"'文绿结合'的当代优秀案例解析"分析了已建成的具有鲜明地域文化特色的绿色建筑案例。

重庆市设计院有限公司、贵州省建筑设计研究院有限责任公司为图集的编写提供了优秀案例素材和部分技术图纸，在此表示由衷的感谢！另外，图集参考了诸多学者的研究成果，特别是西南地区的相关规范、学术资料及网络图片，在此表示诚挚的谢意！

由于西南多民族聚居区民族族群多样、文化多元、地域辽阔、地形和气候复杂多变、经济发展相对滞后，传统建筑分布广泛、历史悠久，地域性绿色建筑内容丰富而复杂，文化与绿色相结合的西南聚居区地域绿色建筑研究是一项任重而道远的工作。加之课题组研究水平有限，本图集疏漏之处和错误在所难免，敬请专家及读者批评指正。

第 1 章

民族与地理特征

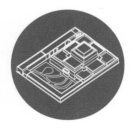

第 2 章

典型民族聚落与建筑

第 3 章

建筑材料与构造

第 4 章

"文绿结合"的当代优秀案例解析

黔东南郎德上寨

第 1 章

民族与地理特征

西南地区主要包括四川盆地、云贵高原、青藏高原南部、两广丘陵西部等地形单元，行政区划大致包括重庆、四川、贵州、云南、广西、西藏。该区域集中分布了 30 多个民族，是我国民族密度最大的少数民族聚居区。建筑具有明显的地域特性，是我国民族建筑的重要组成部分。

1.1　民族特征

1.1.1　民族组成

　　西南地区包括重庆市、四川省、贵州省、云南省和广西壮族自治区，民族分布中汉族为主体，人口所占比例最大。少数民族有藏族、白族、傣族、水族、佤族、苗族、怒族、门巴族、珞巴族、彝族、纳西族、哈尼族、土家族等民族，其中人口在 100 万以上的少数民族有 12 个，人口在 30 万以上的少数民族有 19 个，是我国民族密度最大的地区之一。

西南地区人口超过 30 万的各民族信息　　　　表 1-1　　　　　　　　　　　　　　　　　　　　　　　　　　　续表

民族	人口（万）	典型建筑形式	民族	人口（万）	典型建筑形式
汉　族	18429.7	吊脚楼	哈 尼 族	163.4	蘑菇房
壮　族	1573.1	吊脚楼	傣　族	123.3	干栏竹楼
彝　族	853.6	土掌房、井干房	回　族	102.9	竹楼
苗　族	629.4	吊脚楼	傈 僳 族	69.0	千脚落地房
土 家 族	291.0	吊脚楼	仡 佬 族	50.7	干栏木楼
布 依 族	260.2	石板房	拉 祜 族	47.6	挂墙房、掌楼房
白　族	175.8	三坊一照壁，四合五天井	佤　族	40.4	鸡笼罩
瑶　族	175.7	吊脚楼	水　族	37.3	干栏木楼
侗　族	174.8	干栏木楼	纳 西 族	32.1	井干房
藏　族	164.4	石碉建筑	羌　族	30.0	石碉建筑

* 人口数据来自第六次（2010）人口普查。

1.1.2　典型民族分布

　　因各民族所在的气候区及其典型建筑形式复杂多样，综合各因素，本图集选择下表中 10 个典型民族进行研究。

典型民族分布　　　表 1-2

民族	西南地区主要分布
土家族	重庆的黔江、酉阳、石柱、秀山、彭水等区县，贵州的沿河、印江、思南、江口、德江等县
苗族	贵州、湖南、云南，亦有部分在重庆、四川、广西等地
侗族	贵州、湖南、广西毗连地带，包括贵州的黎平、榕江、三穗、从江、锦屏、玉屏各县

民族	西南地区主要分布
壮族	广西壮族自治区，云南省文山壮族苗族自治州
羌族	川西阿坝藏族羌族自治州，北川羌族自治县，贵州铜仁江口县、石阡县
布依族	贵州、云南、四川等省，其中以贵州最多
彝族	滇、川、黔、桂四省（区）的高原与沿海丘陵之间，主要聚集在云南省楚雄、红河、凉山、毕节、六盘水等地，四川凉山彝族自治州是全国最大彝族聚居区
白族	主要在云南大理白族自治州，四川、重庆等地也有分布
傣族	云南西双版纳傣族自治州等自治区县，及云南新平、元江等 30 余县

1.2　典型民族聚居区地理特征

西南地区受山地海拔影响，气候复杂，主要分为三类：四川盆地湿润中亚热带季风气候、云贵高原低纬高原中南亚热带季风气候、高山寒带气候与立体气候。从西北到东南的温度和降水均有很大差异，东部年均气温达 24℃，西部年均气温最低可达 0℃以下；降水量从东南到西北相差上千毫米，时空分布极不均匀。

1.2.1　气候

1）热工气候分区

我国《民用建筑设计通则》GB 50352-2019 将全国划分为 7 个主气候区，20 个子气候区。仅西南地区就包含了寒冷地区、夏热冬冷地区、夏热冬暖地区及温和地区。

西南地区各民族聚居区所处的气候分区　　　　　　　　　　　　　　　　　　表 1-3

建筑气候区划名称		热工区划名称	建筑气候区划主要指标	涉及民族	
Ⅲ	Ⅲ B	夏热冬冷地区	1 月平均气温 0℃ ~10℃	土家族：重庆、贵州，	苗族、侗族：贵州、广西，
	Ⅲ C		7 月平均气温 25℃ ~30℃	布依族：贵州	
Ⅳ	Ⅳ B	夏热冬暖地区	1 月平均气温 > 10℃	壮族：广西、云南，	傣族：云南
			7 月平均气温 19℃ ~25℃		
Ⅴ	Ⅴ A	温和地区	1 月平均气温 0℃ ~13℃	羌族：四川、云南、贵州，	彝族、傣族、白族：云南，
	Ⅴ B		7 月平均气温 18℃ ~25℃	布依族：贵州	
Ⅵ	Ⅵ C	寒冷地区	1 月平均气温 -22℃ ~ 0℃	羌族：四川	
			7 月平均气温 < 18℃		

2）气候参数

（1）汉族聚居区

汉族在各地均有分布，此处以成都、重庆、贵阳、昆明为例。

成都：属亚热带季风气候区，具有春旱、夏热、秋凉、冬暖的特点，年平均气温 16℃。成都气候的显著特点是多雾、空气潮湿。冬天气温平均在 5℃以上，由于阴天多，空气潮湿，显得很阴冷。年降雨量 1000mm 左右，雨水集中在 7、8 两个月，冬、春两季干旱少雨，极少冰雪。

重庆：属亚热带季风性湿润气候区，年平均气温 16~18℃，最热月份平均气温 26~29℃，最冷月平均气温 4~8℃。年平均相对湿度多在 70%~80%。年日照时数 1000~1400 小时，日照百分率仅为 25%~35%，为中国年日照最少的地区之一，冬、春季日照更少，仅占全年的 35% 左右。

贵阳：年平均气温为 15.3℃，年极端最高温度为 35.1℃，年极端最低温度为 −7.3℃，年平均相对湿度为 77%，年平均总降水量为 1129.5mm，年平均阴天日数为 235.1 天，年平均日照时数为 1148.3 小时，年降雪日数少，平均仅为 11.3 天。

昆明：日照长、霜期短，年平均气温 15℃，年均日照 2200 小时左右，无霜期 240 天以上。气候温和，夏无酷暑，冬无严寒，四季如春，气候宜人，年降水量 1035mm。

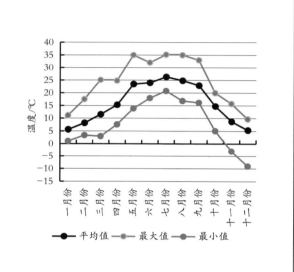

（a）成都典型年温度

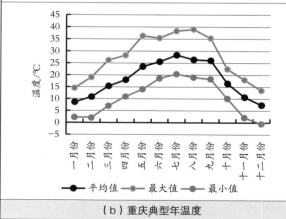

（b）重庆典型年温度

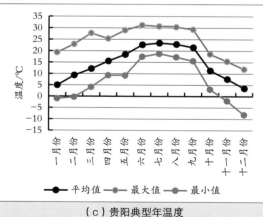

（c）贵阳典型年温度

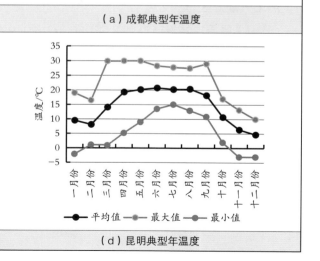

（d）昆明典型年温度

（2）土家族聚居区

　　酉阳：年平均气温由海拔 280m 的沿河地区 17℃递减到中山区的 11.8℃。1月气温最冷达 −12℃，7 月最高为 25.1℃。年降雨量一般在 1000~1500mm。

　　铜仁：年平均气温 15~17℃，年平均降雨量为 1100~1300mm，最冷达 −6.1℃，最热为 34.8℃。一般风速较小，静风为多，年平均风速最大为 2.3m/s，三月和七月平均风速最大，十月、十二月平均风速最小。炎热区、温凉区兼备，四季分明。

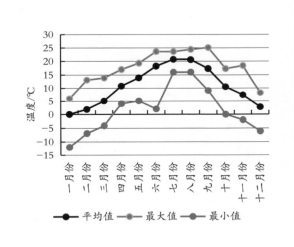

（a）酉阳典型年温度

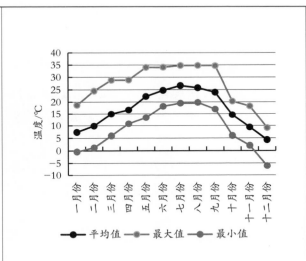

（b）铜仁典型年温度

（3）苗族聚居区

　　遵义：春季平均气温 15.3℃左右，夏季平均气温 24.1℃左右，秋季平均气温 16.1℃左右，冬季平均气温 5.5℃左右。最低温为 −5.1℃，最高温为 35.7℃。

　　融水：季风显著，气温较高，湿度大，降水量多，气候温和，年平均气温 19.6℃。年内极端最高气温 37.9℃，年内极端最低气温 −13.3℃。由于县境所处纬度低，太阳辐射强，日照时数长，全年平均总日照时数 1699.0 小时。

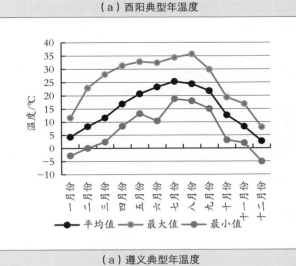

（a）遵义典型年温度

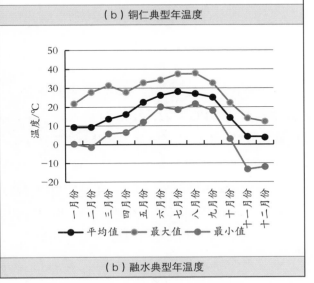

（b）融水典型年温度

（4）侗族聚居区

　　黔东南苗族侗族自治州：属中亚热带季风湿润气候区，具有冬无严寒，夏无酷暑，雨热同季的特点。年平均气温 14~18℃。最冷月（1月）平均气温 5~8℃；最热月（7月）平均气温 24~28℃。由于地理位置和地势的不同，各地气温有一定差异。总体趋势是：南部气温高于北部，东部气温高于西部。

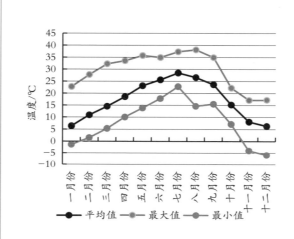

（a）黔东南苗族侗族自治州 – 榕江县典型年温度

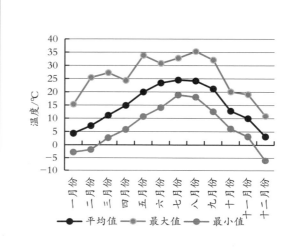

（b）黔东南苗族侗族自治州 – 三穗县典型年温度

（5）壮族聚居区

　　年平均气温接近 19.1℃。7、8 两月最热，平均气温为 28℃ 左右，1、2 两月最冷，平均气温为 9℃ 左右，最低气温偶尔降到 0℃ 以下。年平均降水天数 166 天，连续降水最长日数 30天，年平均降水量 1887.6mm，年平均相对湿度为 76%。全年风向以偏北风为主，平均风速为 2.2~2.7m/s，年平均日照时数为 1447.1 小时。

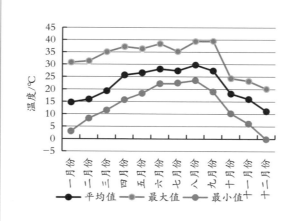

（a）百色典型年温度

（b）那坡典型年温度

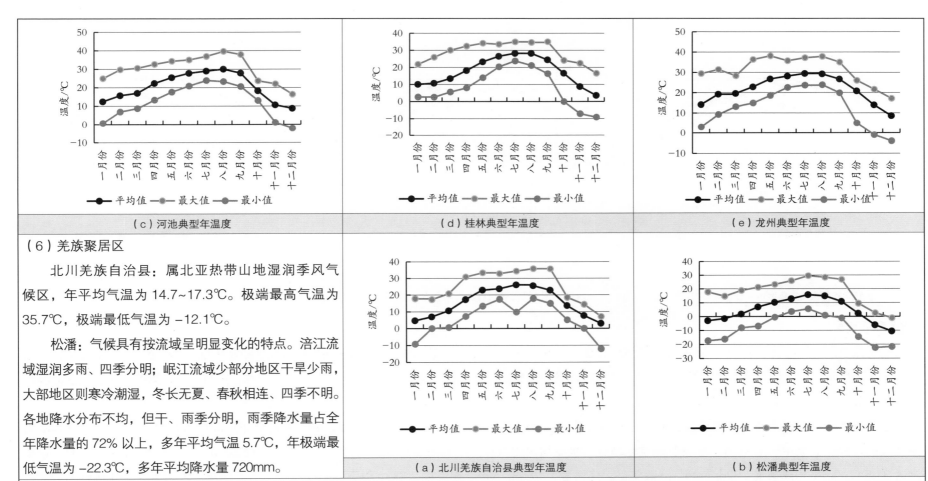

（c）河池典型年温度　　（d）桂林典型年温度　　（e）龙州典型年温度

（a）北川羌族自治县典型年温度　　（b）松潘典型年温度

（6）羌族聚居区

北川羌族自治县：属北亚热带山地湿润季风气候区，年平均气温为 14.7~17.3℃。极端最高气温为 35.7℃，极端最低气温为 –12.1℃。

松潘：气候具有按流域呈明显变化的特点。涪江流域湿润多雨、四季分明；岷江流域少部分地区干旱少雨，大部地区则寒冷潮湿，冬长无夏、春秋相连、四季不明。各地降水分布不均，但干、雨季分明，雨季降水量占全年降水量的 72% 以上，多年平均气温 5.7℃，年极端最低气温为 –22.3℃，多年平均降水量 720mm。

（7）布依族聚居区

黔南布依族苗族自治州：气候多样，地区差异和垂直差异明显，具有高原山区的气候特点和变化规律。全州无霜期平均为 292 天，州内大部分地区日照率在 30% 左右，全州年平均气温 13.6~19.6℃，自北向南、自西向东逐渐递增。自治州是贵州省多雨地区之一，年降水多在 1200mm 以上。

黔西南布依族苗族自治州：多年平均气温 13.8~19.4℃，12 月平均气温 4.5℃，最低气温 –6℃；7 月平均气温 23℃，最高气温 31.6℃。

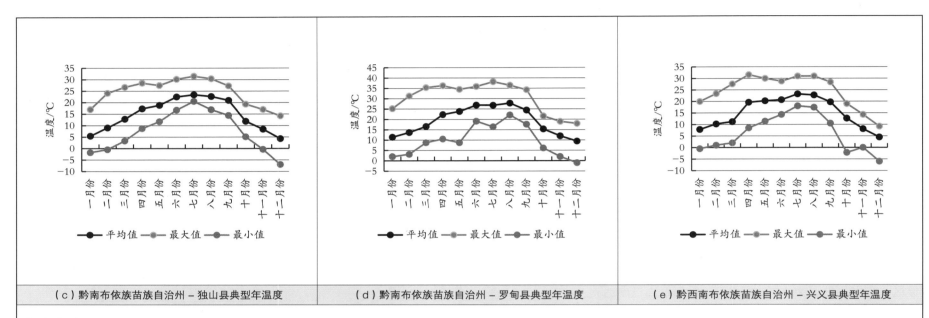

（c）黔南布依族苗族自治州－独山县典型年温度　　（d）黔南布依族苗族自治州－罗甸县典型年温度　　（e）黔西南布依族苗族自治州－兴义县典型年温度

（8）彝族聚居区

　　楚雄彝族自治州：属亚热带低纬高原季风气候区，由于山高谷深，气候垂直变化明显。全州总的气候特征是冬夏季短，春秋季长；日温差大，年温差小；冬无严寒，夏无酷暑。年平均气温16.5℃，六月最高温30.6℃，12月最低温－5℃。干湿分明，雨热同季；日照充足，霜期较短；蒸发旺盛，降水较云南大部偏少；冬春少雨，初夏干旱突出。

　　红河彝族哈尼族自治州：四季不甚分明，但干、雨季节区分较为显著，每年5~10月为雨季，降雨量占全年降雨量的80%以上，其中连续降雨强度大的时段主要集中于6~8月，且具有时空地域分布极不均匀的特点。在海拔2000m以上的山区，年平均气温16.3℃，最低温达－9.0℃，最高温达31.5℃；年平均降雨量2026.5mm，一般年最大降雨量为2508.1mm。在海拔2000m以下的山间盆地、河谷地带，年平均气温分别为17.2℃、23.4℃，最高温32.9℃，最低温0℃，年平均降雨量分别为817.2mm、1688.7mm，年最大降雨量2257.2mm。

　　凉山彝族自治州：属于亚热带季风气候区，干湿分明，冬半年日照充足，少雨干暖；夏半年云雨较多，气候凉爽。四季虽不明显，但干湿季节却显著。大致是11~4月为干季，5~10月为湿季。6月份最高温37.1℃，12月份最低温－7℃。

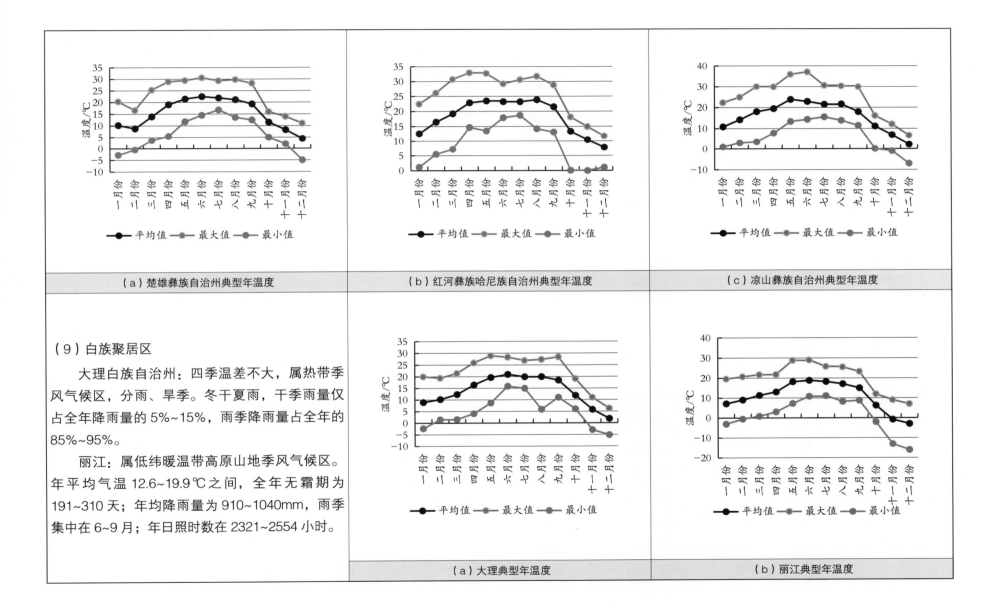

（a）楚雄彝族自治州典型年温度　　　（b）红河彝族哈尼族自治州典型年温度　　　（c）凉山彝族自治州典型年温度

（9）白族聚居区

　　大理白族自治州：四季温差不大，属热带季风气候区，分雨、旱季。冬干夏雨，干季雨量仅占全年降雨量的 5%~15%，雨季降雨量占全年的 85%~95%。

　　丽江：属低纬暖温带高原山地季风气候区。年平均气温 12.6~19.9℃之间，全年无霜期为 191~310 天；年均降雨量为 910~1040mm，雨季集中在 6~9 月；年日照时数在 2321~2554 小时。

（a）大理典型年温度　　　（b）丽江典型年温度

（10）傣族聚居区

西双版纳是傣族聚居区，雨量充沛，阳光充足，年降雨量1136~1513mm。湿季期间，云雨多，风速小，日照少，气温高，湿度大。干季期间，云雨少，光照强，雾露浓重。西双版纳年平均气温18.9~22.6℃之间。

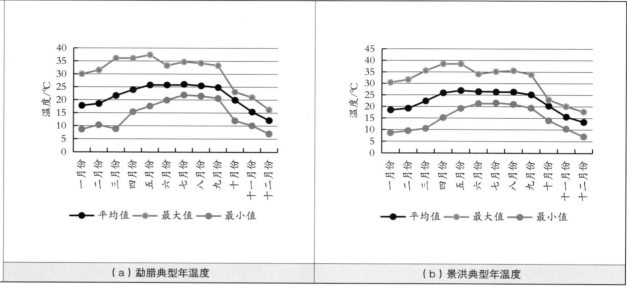

| （a）勐腊典型年温度 | （b）景洪典型年温度 |

1.2.2 海拔

四川盆地海拔在500m左右，云南高原和贵州高原的海拔分别为2000m和1000m，而青藏高原东缘的海拔基本在3500m以上，区域内各种地貌形态分布广泛均衡，其中：低地盆地、平原区，小起伏低山和小起伏中山的面积较大，分别占总面积的14.34%、12.22%和15.89%，主要分布在四川盆地、广西地区、贵州高原以及云南西南部等地势相对较低的区域；峡谷区主要分布在横断山区。

图1-1 西南山地空间剖面概貌

1）汉族聚居区

汉族在各地均有分布，这里以四川盆地和重庆主城周边为代表。

四川盆地自西向东分为成都平原、川中丘陵和川东平行岭谷。周围山地海拔多在 1000~3000m 之间，中间盆底地势低矮，海拔 250~750m，因此可明显分为边缘山地和盆底部两大部分。

重庆北有大巴山，东有巫山，东南有武陵山，南有大娄山。重庆主城区海拔高度多在 168~400m 之间。西北部和中部以丘陵、低山为主，东南部靠大巴山和武陵山两座大山脉，坡地较多。

图 1-2　成都平原

图 1-3　重庆山地

2）土家族、苗族、侗族聚居区

武陵山区聚居着土家族、苗族和侗族等民族。该地区地形复杂，地貌类型多样。整个土家族地区均为山区，平均海拔在 1000m 左右，海拔在 800m 以上的地方占全境的 70%，境内重山叠岭，岗峦密布。境内山脉以武陵山脉为主体，武陵山脉的主体呈东北—西南向展布于湖南的慈利、张家界、古丈、永顺、保靖、花垣、吉首和贵州的松桃、铜仁、印江境内，其支脉延伸到湖北的来凤、咸丰、宣恩、恩施、鹤峰、五峰和重庆的黔江、酉阳、彭水、秀山等地。

黔东南苗族侗族自治州中部雷公山区和南部月亮山为中山地带，西部和西北部为丘陵状低中山区，东部和东南部为低中山、低山、丘陵、盆地。境内大部分地区海拔 500~1000m。最高点为雷公山主峰黄羊山，海拔 2178.8m，最低点为黎平县地坪乡井郎村水口河，海拔 137m。

图 1-4　重庆黔江区

3）壮族聚居区

广西总体是山地丘陵型盆地地貌，分山地、丘陵、台地、平原、石山、水面 6 类。山地以海拔 800m 以上的中山为主，海拔 400~800m 的低山次之，山地约占广西土地总面积的 39.7%；海拔 200~400m 的丘陵占 10.3%；海拔 200m 以下地貌包括谷地、河谷平原、山前平原、三角洲及低平台地，占 26.9%；水面仅占 3.4%。

桂西北干栏区多是海拔较高的土山地区，大山连绵，山势巍峨，山上林木葱郁，山下沟壑交织，平地较少。桂西及桂西南干栏区的地形多为喀斯特地貌的石山地区，海拔中等，石山难以开挖，山上水资源匮乏，林木稀少。

图 1-5　广西龙脊

4）布依族聚居区

　　黔南布依族苗族自治州处于贵州高原向广西丘陵过渡的斜坡地带，地势北高南低，贵定、都匀之间的斗篷山海拔 1961m，为全州最高点，罗甸红水河出境处，海拔 242m，为全州最低点，高低相差 1719m。全州平均海拔高度 997m，低于全省 1107m 的平均海拔高度。

　　黔西南布依族苗族自治州属典型的低纬度高海拔山区。整个地形西高东低，北高南低。最高点在兴义市七舍、捧乍高原顶峰，海拔 2207.2m；最低点在望谟县红水河边大落河口，海拔 275m，高差 1932.2m，海拔大多在 1000~2000m 之间。

图 1-6　贵州安顺高荡村

5）羌族聚居区

　　岷江上游地处四川省西部高原与东部盆地的交界地带，因此其地形西北高东南低，海拔最低约 700m，最高 5588m 左右，地势险峻，具有高山峡谷与盆地山地双重特色，地形情况复杂，地域差异显著。岷江上游的羌族传统村落则分布于海拔 1401~2200m 的干旱河谷地带的半山上、海拔 2201~2800m 的干旱河谷上界和林地。前者羌民生产方式以农牧业为主，后者因水热均衡，羌民生产以农业为主，地域特征十分明显。

图 1-7　北川羌族自治县

6）彝族聚居区

　　凉山地区地势西北高，东南低。高山、深谷、平原、盆地、丘陵相互交错，海拔最高的为 5958m 的木里县恰朗多吉峰，最低的为雷波县大岩洞金沙江谷底 305m，相对高差为 5653m。

　　红河沿岸地区属于高山峡谷地区，山脉与河流纵横，海拔高度从河底的数百米一直到峡谷顶端的两千余米。红河以北属滇中湖盆高原，地势平缓；以南属哀牢山地，山高谷深。

　　滇西高原区是青藏高原的南部延伸，在云南亦称横断山脉区，海拔多在 3000m 以上，高山超过 5000m，山脉平行，多呈南北走向。

图 1-8　凉山彝族自治州

图 1-9　红河哈尼族彝族自治州

7）白族聚居区

　　大理白族自治州地处云贵高原与横断山脉结合部位，地势西北高，东南低。地貌复杂多样，点苍山以西为高山峡谷区。点苍山以东、祥云以西为中山陡坡地形。境内的山脉主要属云岭山脉及怒山山脉，点苍山位于州境中部，如拱似屏，巍峨挺拔。北部剑川与丽江地区兰坪交界处的雪斑山是州内群山的最高峰，海拔 4295m。最低点是云龙县怒江边的红旗坝，海拔 730m。

图 1-10　大理

8）傣族聚居区

　　西双版纳傣族自治州大部分地区海拔在 1500m 以下，地形结构是四周高，中间低，山地面积为 18000 多平方公里，占全州面积的 95.1%。山与山之间分布着 49 个坝子（盆地）。东部无量山脉，纵贯景洪市东北部和勐腊县，海拔 1000~1500m。西部为怒江山脉余脉，分布在勐海县全境。除有少数珠状相串的盆地和低山外，多为切割山峦，山地海拔在 1500~2000m 之间。中部被澜沧江下游及其支流侵蚀切割成众多的开阔低峡和群山环抱的宽谷盆地，集中在景洪市西部、南部和勐腊县南部，地势相对平缓，海拔在 500~1000m 之间。

图 1-11　西双版纳景洪

1.2.3　地形地貌与水文

典型民族聚居区地形地貌及水文　　　　　　　　　　　　　　　　　　　　　　表 1-4

民族	地区	热工气候分区	地形地貌	水文
汉族	各地均有分布，以川渝地区为代表	夏热冬冷地区 温和地区 夏热冬暖地区	四川：地貌复杂，以山地为主要特色，具有山地、丘陵、平原和高原 4 种地貌类型，分别占全省面积的 74.2%、10.3%、8.2%、7.3%。 重庆：山高谷深，沟壑纵横，山地面积占 76%，丘陵占 22%，河谷平坝仅占 2%。总的地势是东南部、东北部高，中部和西部低，由南北向长江河谷逐级降低	四川：河流众多，以长江水系为主。黄河一小段流经四川西北部，为四川和青海两省交界；长江上游金沙江为四川和西藏、四川和云南的边界，较大的支流有雅砻江、岷江、大渡河、理塘河、沱江、涪江、嘉陵江、赤水河。 重庆：主要河流有长江、嘉陵江、乌江、涪江、綦江、大宁河、阿蓬江、酉水河等。长江干流自西向东横贯全境，流程长达 665km；嘉陵江自西北而来，三折于渝中区入长江，乌江于涪陵区汇入长江

续表

民族	地区	热工气候分区	地形地貌	水文
土家族苗族侗族	武陵山区（湘、鄂、渝、黔交界处），黔南、黔西南等地	夏热冬冷地区	武陵山区：平均海拔高度在1000m左右，海拔在800m以上的地方占全境约70%。山体形态呈现出顶平，坡陡，谷深的特点，耕地资源少。黔南、黔西南等地地形地貌见布依族一栏	武陵山区有乌江、清江、澧水、沅江、酉水河、阿蓬江、资水等主要河流。黔南、黔西南等地见布依族一栏介绍
壮族	广西壮族自治区	夏热冬冷地区夏热冬暖地区	总体是山地丘陵性盆地地貌，分山地、丘陵、台地、平原、石山、水面6类。山地约占广西土地总面积的39.7%；丘陵占10.3%；谷地、河谷平原、山前平原、三角洲及低平台地，占26.9%；水面仅占3.4%。广西境内喀斯特地貌广布，集中连片分布于桂西南、桂西北、桂中和桂东北，约占土地总面积的37.8%，发育类型之多世界少见	境内河流大多随地势从西北流向东南，形成以红水河—西江为主干流的横贯中部以及两侧支流的树枝状水系。珠江水系是最大水系，主干流南盘江—红水河—黔江—浔江—西江自西北折东横贯全境。长江水系分布在桂东北，主干流湘江、资江属洞庭湖水系上游，经湖南汇入长江
羌族	北川羌族自治县	寒冷地区夏热冬冷地区	北川羌族自治县全境皆山，峰峦起伏，沟壑纵横，山脉大致以白什、外白为界，其西属岷山山脉，其东属龙门山脉，境内插旗山的最高峰海拔4769m，最低点香水渡海拔540m，相对高差4229m。地势西北高，东南低，由西北向东南平均每公里海拔递降46m	北川羌族自治县境内密布的溪流分别汇集于涠江、苏保河、平通河、安昌河，顺山势自西北向东南奔流出境
布依族	黔南布依族苗族自治州黔西南布依族苗族自治州	夏热冬冷地区温和地区	黔南布依族苗族自治州处于贵州高原向广西丘陵过渡的斜坡地带，地势北高南低。自治州地貌分为高中山、中山、低中山、低山、丘陵和盆地6种类型。岩溶地貌在全州各地广泛发育，形成了类型复杂多样的地表、地下岩溶景观。黔西南布依族苗族自治州属典型的低纬度高海拔山区。整个地形西高东低，北高南低。地形起伏大，地貌复杂，可分为5个不同地貌区，即低山侵蚀山地峡谷区，岩溶高原槽坝区，岩溶侵蚀高原区，岩溶侵蚀山地区，侵蚀山地河谷区	黔南布依族苗族自治州境内多处为长江水系和珠江水系诸河流的源头，共有中、小河流117条，流程5000km以上，河网密度为0.2km/km²。黔西南布依族苗族自治州境内河流均属珠江流域，州境内共有河长10km以上、流域面积大于20km²的河流102条，南盘江、北盘江、红水河是州内三条较大的江河
彝族	凉山彝族自治州	温和地区	凉山州地处川西南横断山系东北缘，界于四川盆地和云南省中部高原之间，地貌类型齐全，有平原、盆地、丘陵、山地、高原、水域等。地势西北高，东南低，北部高，南部低	凉山彝族自治州境内河流众多，均为长江水系。干流成系的有金沙江、雅砻江和大渡河三大水系。还有邛海、马湖、泸沽湖等23个内陆淡水湖泊
	楚雄彝族自治州	温和地区	州内多山，山地面积占总面积的90%以上，其间重峦叠嶂，诸峰环拱，谷地错落，溪河纵横，素有"九分山水一分坝"之称。乌蒙山虎踞东部，哀牢山盘亘西南，百草岭雄峙西北，构成三山鼎立之势	金沙江、元江两大水系以州境中部为分水岭各奔南北，形成二水分流之态
	红河哈尼族彝族自治州	温和地区	州内地势是西北高东南低。地形分为山脉、岩溶高原、盆地（坝子）、河谷4部分。主要山脉为横断山脉南段澜沧江东侧的云岭南延东部分支哀牢山（西部分支为李仙江西侧的无量山）。红河大裂谷把境内地形分为南北两部分，南部为哀牢山余脉，山高谷深坡陡，地形错综复杂；北部为岩溶高原区，山脉、河流、盆地相间排列，地势较为平缓，喀斯特地貌尤为突出	红河州大小河流众多，红河州境内集水面积在50km²以上的河流有180条，其中珠江流域有65条，红河流域有115条

续表

民族	地区	热工气候分区	地形地貌	水文
白族	大理白族自治州	温和地区	大理州地处云贵高原与横断山脉结合部位，地势西北高，东南低。境内的山脉主要属云岭山脉及怒山山脉，点苍山位于州境中部，如拱似屏，巍峨挺拔。北部剑川与丽江地区兰坪交界处的雪斑山是州内群山的最高峰，海拔 4295m。最低点是云龙县怒江边的红旗坝，海拔 730m	主要河流属金沙江、澜沧江、怒江、红河（元江）四大水系，有大小河流 160 多条，呈羽状遍布大理州。州境内分布有洱海、天池、茈碧湖、西湖、东湖、剑湖、海西海、青海湖 8 个湖泊
傣族	西双版纳傣族自治州、德宏傣族景颇族自治州	温和地区 夏热冬暖地区	西双版纳傣族自治州：西双版纳地处横断山脉的南延部分，怒江、澜沧江、金沙江褶皱系的末端，山地丘陵约占 95%，山间盆地（坝子）和河流谷底约占 5%。全州周围高，中间低，西北高，东南低。 德宏傣族景颇族自治州：地处云贵高原西部横断山脉的南延部分，高黎贡山的西部山脉延伸入德宏境内形成东北高而陡峻，西南低而宽缓的切割山原地貌。全州一般海拔在 800~2100m	西双版纳境内河流属于澜沧江水系。有大小河流 2761 条，河网总长达 12177km，河网密度 0.633km^2。全区水资源丰富，总量达 145 亿 m^3。 德宏傣族景颇族自治州：州内有"三江"（怒江、大盈江、瑞丽江）和"四河"（芒市河、南畹河、户撒河、芒东河）及大小不等的 28 个河谷盆地（坝子）

黔江土家族十三寨之何家寨

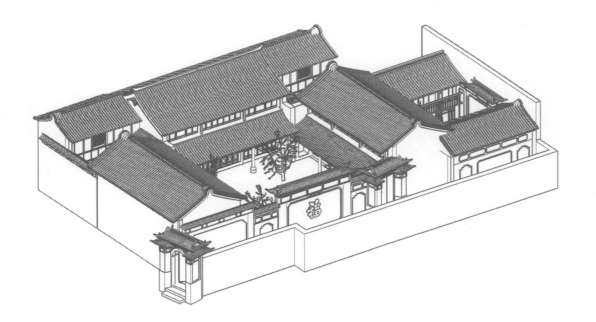

第 2 章

典型民族聚落与建筑

本土建筑是反映民族文化和技术的重要载体，本章从聚落选址与布局、建筑平面形制、形体布局、缓冲空间、特色细部等方面概括各典型民族本土建筑文化和技术策略。这些特点和技术策略是地理环境、建筑材料、民族文化、技术水平等综合影响下创造舒适居住环境的最优解。这些适应策略对现代建筑设计具有重要的启发性和借鉴价值。

2.1 汉族

2.1.1 聚落选址与形态

1）川渝地区

（1）聚落选址

　　川渝地区从盆地到山地，丘陵起伏，河谷纵横，复杂多样的地理环境比其他地区更加显著地限制与引导着传统场镇的空间选址，最终导致了差异化的传统场镇空间布局。总体上根据城镇选址在山地地貌的不同位置可以分为4种类型，即平坝、山谷盆地型，坡地型，高地、台地型，组合型。

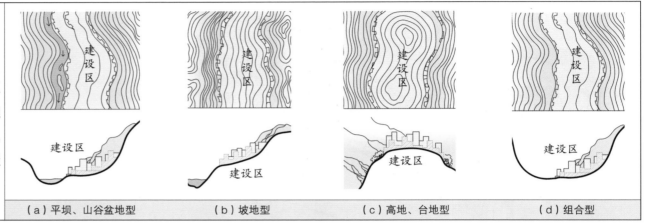

| （a）平坝、山谷盆地型 | （b）坡地型 | （c）高地、台地型 | （d）组合型 |

（2）建筑适应地形

　　西南地区除了成都平原外，多丘陵山地。有研究将川渝民居利用地形、争取空间的手法概括为十八字口诀：台、挑、吊；坡、拖、梭；转、架、跨；靠、跌、爬；退、让、钻；错、分、联。

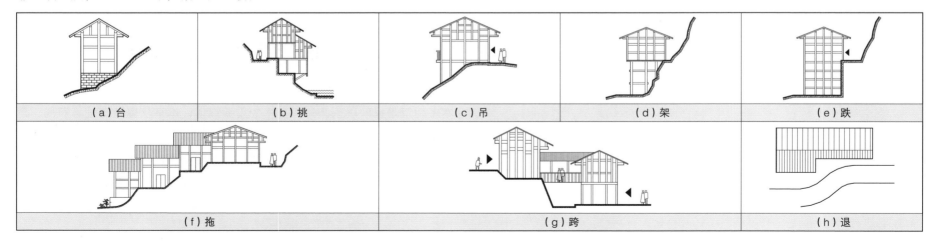

| （a）台 | （b）挑 | （c）吊 | （d）架 | （e）跌 |
| （f）拖 | | （g）跨 | | （h）退 |

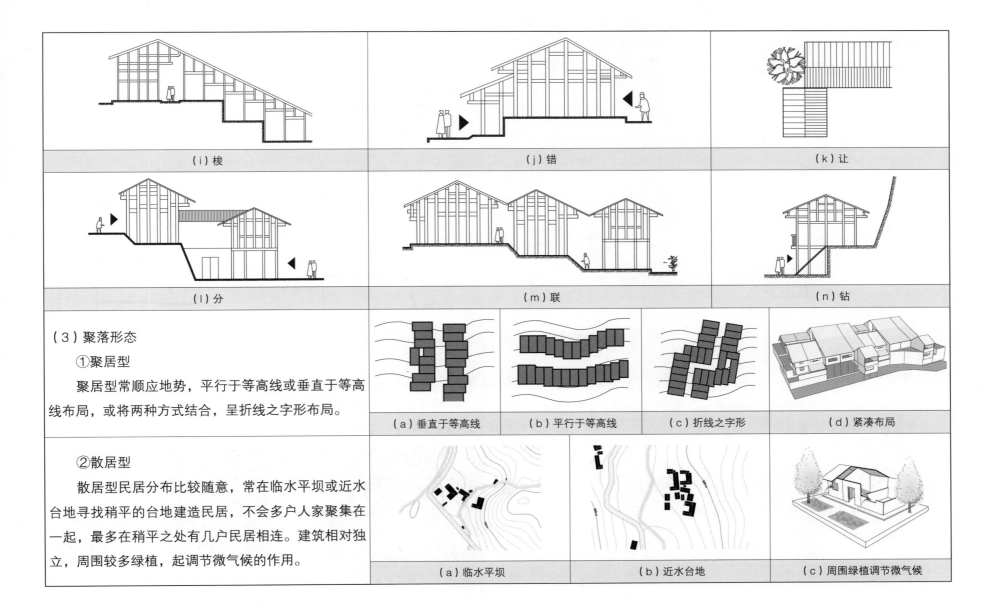

（i）梭　　　　　　　　　　　（j）错　　　　　　　　　　　（k）让

（l）分　　　　　　　　　　　（m）联　　　　　　　　　　　（n）钻

（3）聚落形态

①聚居型

聚居型常顺应地势，平行于等高线或垂直于等高线布局，或将两种方式结合，呈折线之字形布局。

（a）垂直于等高线　（b）平行于等高线　（c）折线之字形　（d）紧凑布局

②散居型

散居型民居分布比较随意，常在临水平坝或近水台地寻找稍平的台地建造民居，不会多户人家聚集在一起，最多在稍平之处有几户民居相连。建筑相对独立，周围较多绿植，起调节微气候的作用。

（a）临水平坝　　　　　（b）近水台地　　　　（c）周围绿植调节微气候

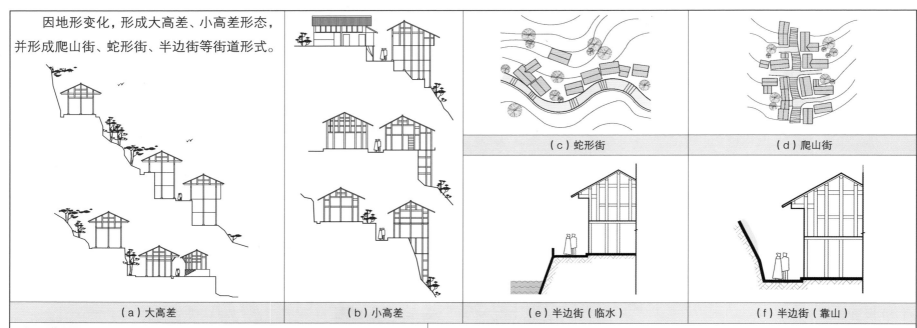

因地形变化，形成大高差、小高差形态，并形成爬山街、蛇形街、半边街等街道形式。

| （a）大高差 | （b）小高差 | （e）半边街（临水） | （f）半边街（靠山） |

（c）蛇形街　（d）爬山街

2）云南地区

（1）聚落选址

汉族在云南中部和东部的云南高原较为集中。地势较川渝平缓，聚落常选址于平缓的山坡或平坝。

（2）聚落形态

山地部分沿等高线有序铺展，布局规则整齐；地形平缓地区布局较为随意，有条件的选择坐北朝南，有序排列。

| （a）云南团结乡乐居村选址 | （b）云南安宁相连村选址 | （a）云南团结乡乐居村 | （b）云南安宁相连村 |

2.1.2　本土建筑演变及发展

1）川渝地区

　　川渝地区本土建筑以干栏式为主，早期受北方合院影响，后经两次大规模移民运动，即"湖广填四川"，最终呈现多元化的场镇民居。总体可以分为雏形时期、形成时期、发展时期、成熟时期四个阶段。

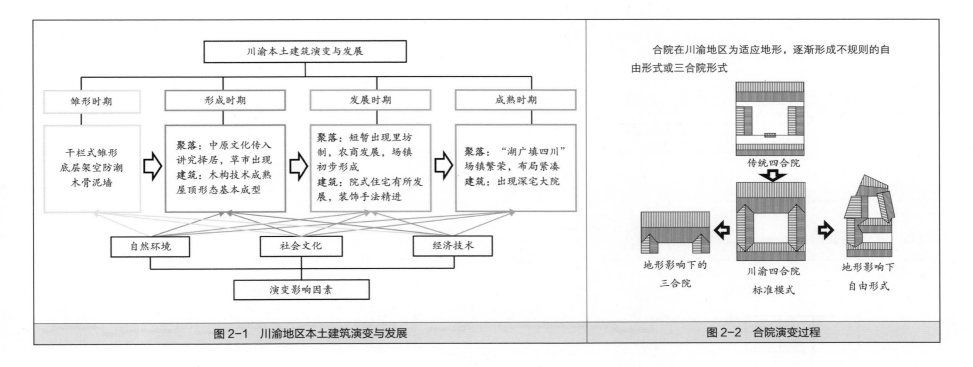

图 2-1　川渝地区本土建筑演变与发展	图 2-2　合院演变过程

2）云南地区

　　对"一颗印"民居的由来，有学者认为是汉式建筑的一种，是合院建筑在云南的一种变体。但在分析"一颗印"房屋的形式后，我们就会发现，汉式建筑的历史上并没有这种民居形式，现存的"一颗印"民居较早的建于明代，应该是云南本地土掌房民居受汉式建筑风格的影响发生改变而产生的。

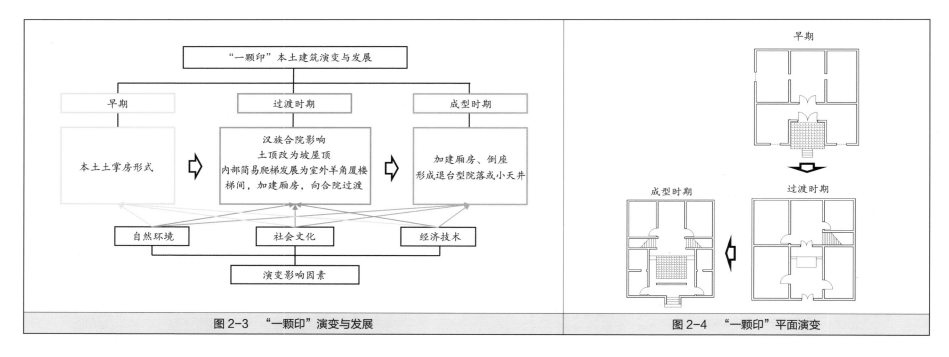

图2-3 "一颗印"演变与发展

图2-4 "一颗印"平面演变

2.1.3 建筑平面形制

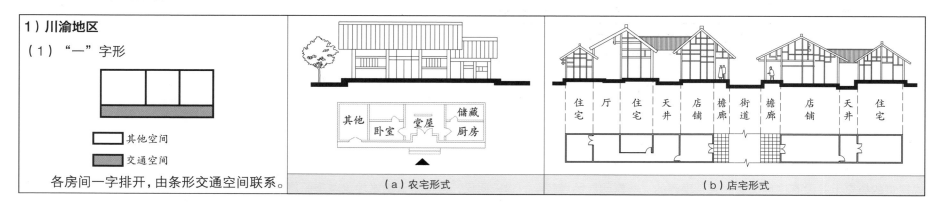

1）川渝地区

（1）"一"字形

其他空间

交通空间

各房间一字排开，由条形交通空间联系。

（a）农宅形式

（b）店宅形式

（2）"L"形和"T"形

当房间不足时，可在"L"形基础上根据地形增加房间，形成"T"形平面形式。

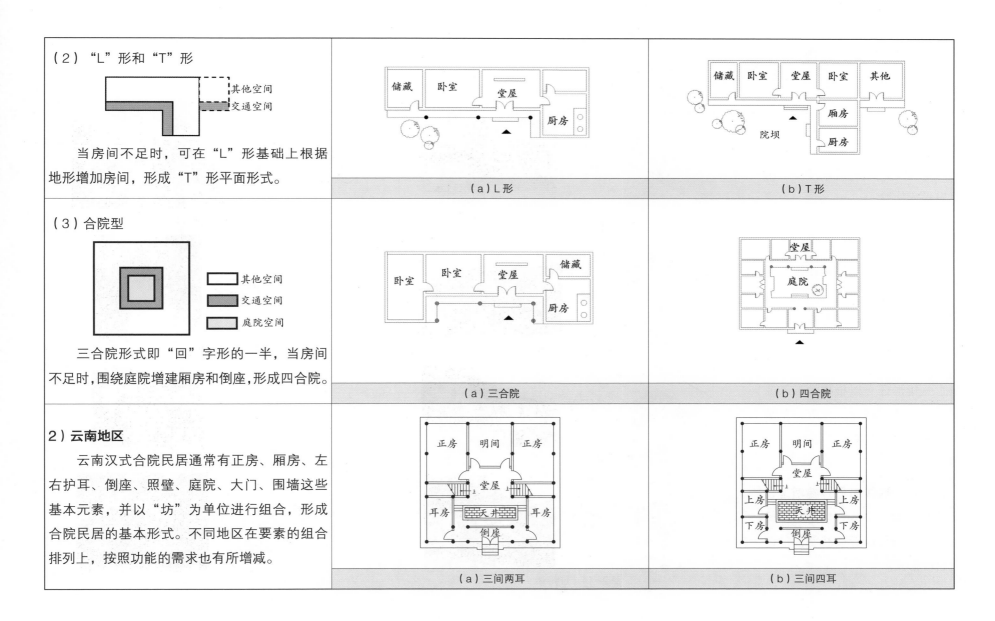

（a）L形

（b）T形

（3）合院型

三合院形式即"回"字形的一半，当房间不足时，围绕庭院增建厢房和倒座，形成四合院。

（a）三合院

（b）四合院

2）云南地区

云南汉式合院民居通常有正房、厢房、左右护耳、倒座、照壁、庭院、大门、围墙这些基本元素，并以"坊"为单位进行组合，形成合院民居的基本形式。不同地区在要素的组合排列上，按照功能的需求也有所增减。

（a）三间两耳

（b）三间四耳

2.1.4 建筑形体与布局

1）建筑形体

最常见的形体是矩形，为适应地形，通常会在矩形一端做吊脚处理。	 图 2-5 矩形		 图 2-6 矩形 + 部分吊脚
由于建筑用地紧张，矩形形体通常紧密排列，形成成排的吊脚楼或阶梯状形体。	 图 2-7 矩形 + 吊脚排列		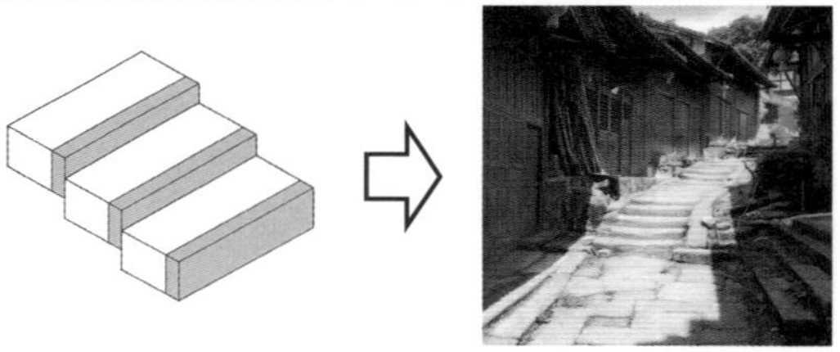 图 2-8 矩形形体阶梯状排列
矩形还可以根据地形和需求，形成 L 形体。也可以部分吊脚，减少地块开挖。	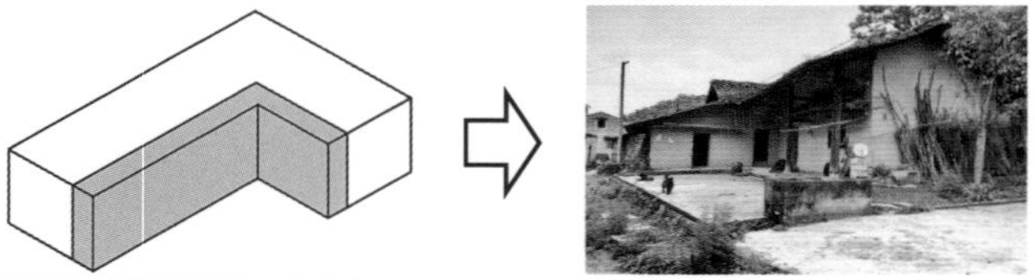 图 2-9 L 形体		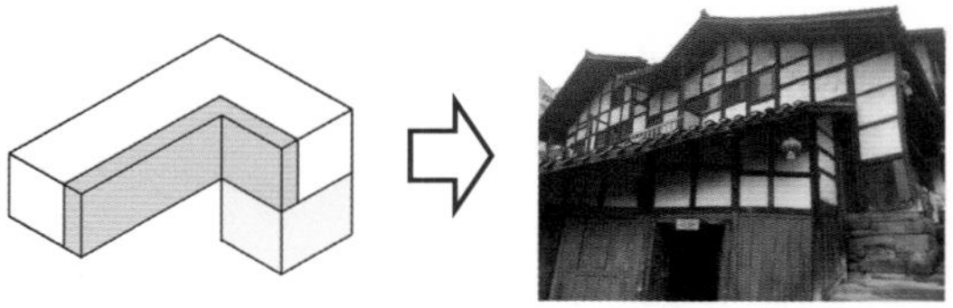 图 2-10 L 形 + 部分吊脚
在 L 形体的另一端增建形成 U 形体。当人口增加，房间不足时，可以形成回字形的四合院形式。	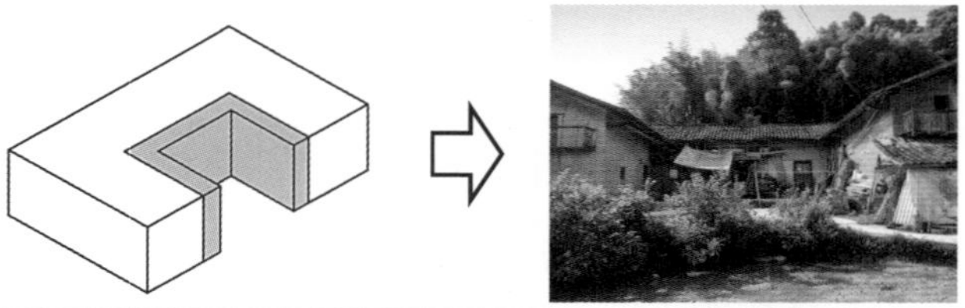 图 2-11 U 形体		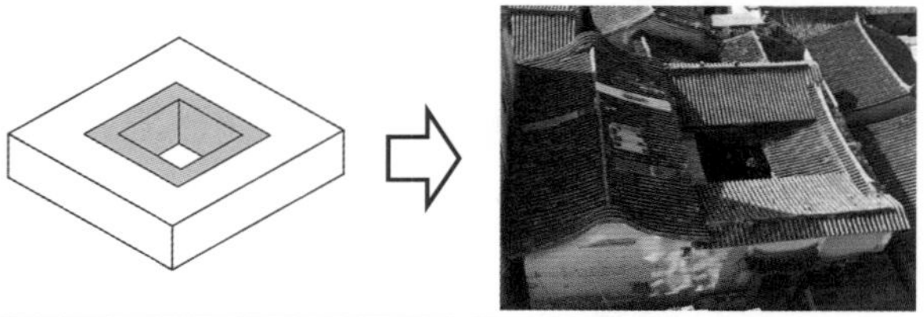 图 2-12 回形体

①正房

形制最高的部分，拥有最大的
建筑体量，最高的建筑高度，
最为丰富的装饰。正房高两
层，多为抬梁式结构，二层设
有供奉祖宗牌位的空间。

②屋顶

主要为硬山式和悬山式两
种，其中以悬山式屋顶使用
较多。正房采用双坡屋面，
而厢房与倒座采用单坡屋
面，利用梁架逐渐加高的
"举架"方式使得屋顶斜度
呈现上部较陡峭，下部较平
缓的形式，这样的屋面形式
方便雨水向天井空间的汇聚
与排出，同时也保证了建筑
内部空间的采光与屋顶雨水
的畅排。

③厢房

一般高两层，整体高度略低于正
房，属于与正房相配套的建筑，因其朝向为东西向，所以称
之为东厢房、西厢房。厢房多用作晚辈居住，
有时一层用作厨房，二层用作杂物间。多为内
向长坡、外向短坡的单坡屋顶形式。厢房的腰
檐亦称为腰厦，可满足使用者在雨天对院落空
间使用的需求。

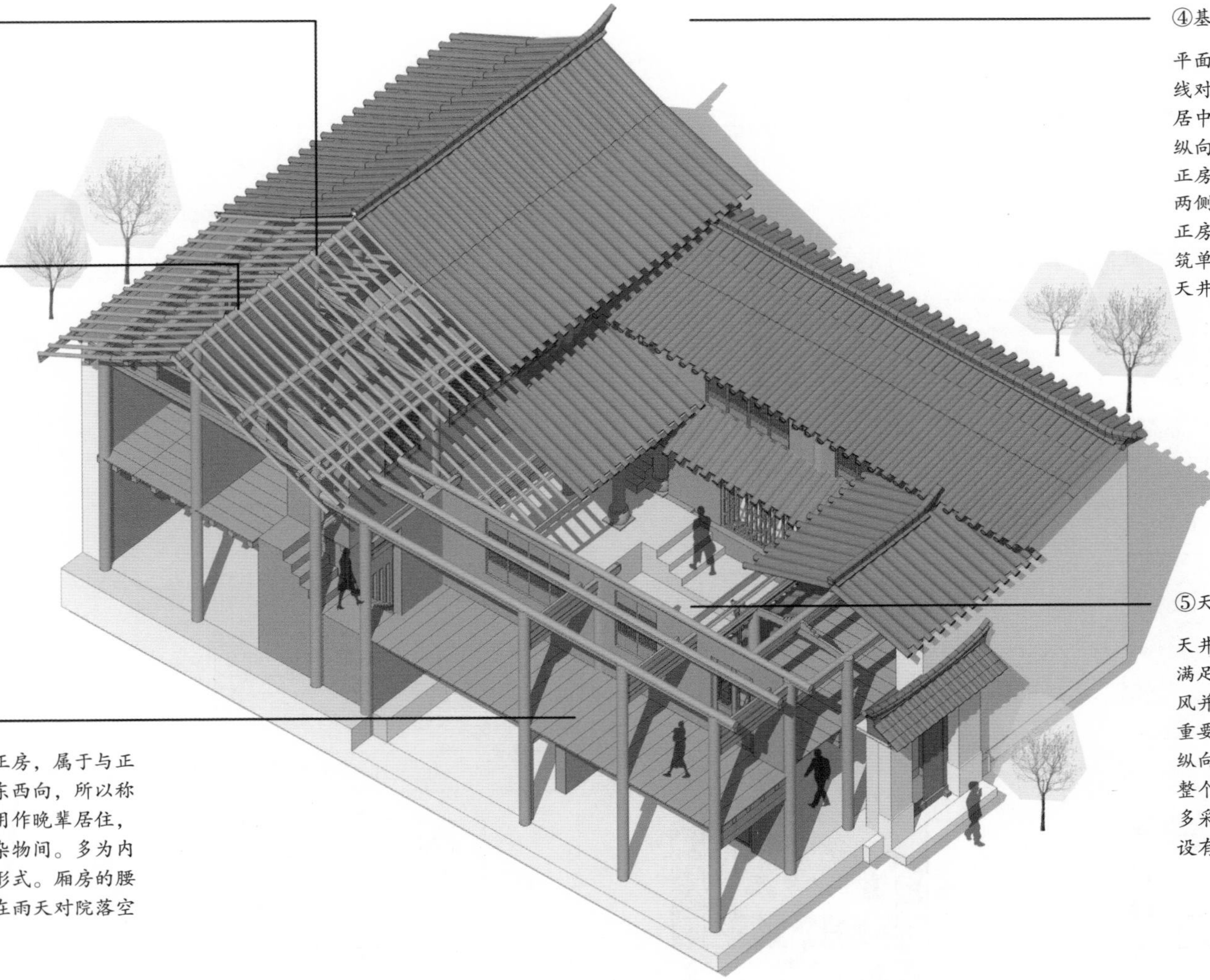

④基本宅型

平面布局一般采用的是轴
线对称的原则，主要建筑
居中布置于纵向轴线上，
纵向轴线后的建筑称之为
正房，厢房位于正房左右
两侧，倒座与正房相对，
正房、厢房、倒座等。建
筑单体围合成一个中部有
天井空间的四合院。

⑤天井

天井是分隔建筑空间、
满足建筑内部采光与通
风并供人们生活娱乐的
重要公共空间。天井以
纵向长方形居多，它是
整个院落最低的部分，
多采用青石铺地，少数
设有甬道方便通行。

图 2-13　回形体民居代表—— 一颗印

2）建筑布局

（1）建筑与院落布局

川渝地区因为用地紧张，很多时候传统建筑紧邻街道，街道与院落成为一体（a）。当地块允许时，可在家门前留出一片空间，形成街院相连的形式，又扩宽了街道（b）。结合建筑的错落布局，既有了简单的驻留空间，又能改变街道单一的形态，以此丰富街道空间（c）。当两条街相交时，街道呈十字形或者丁字形的平面形态，交界处有至少一个角落往后退让，或者形成广场，或者形成庭院，使道路变得更加开阔（d）。当街道随着地形出现转折时，内角位置也会出现建筑退让，以围合的平面形态形成院子（e）。还可以多个住户共同围合成院落，通过巷道与街道相连，形成相对隐蔽的院落空间（f~i）。还有半围合的院落，如临街处院落开口小，内部院落开敞（j），或者将院落开口开向次街（k）。还可以通过建筑与建筑、建筑与街道，形成多重院落（l）。

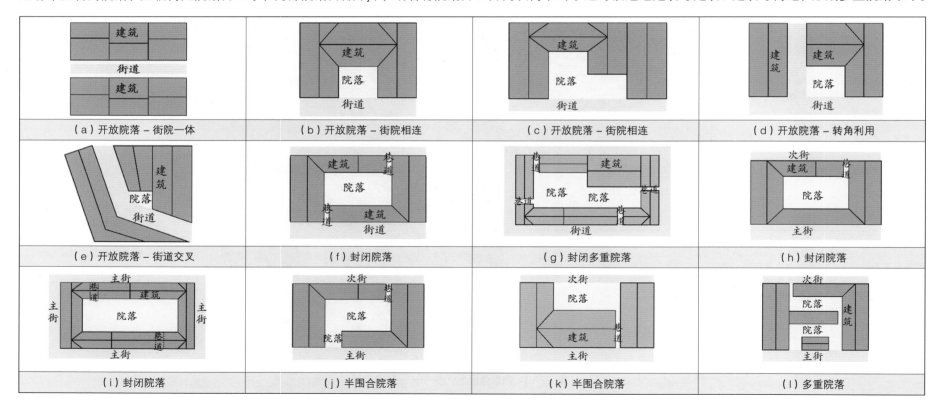

（a）开放院落-街院一体	（b）开放院落-街院相连	（c）开放院落-街院相连	（d）开放院落-转角利用
（e）开放院落-街道交叉	（f）封闭院落	（g）封闭多重院落	（h）封闭院落
（i）封闭院落	（j）半围合院落	（k）半围合院落	（l）多重院落

（2）建筑功能布局

　　无论采用哪种形体，中间房间通常做堂屋，堂屋两侧做卧室，厢房做卧室和厨房。下吊层和阁楼层做储物、家禽圈等辅助空间。当人口增加，房间不够用时，可以建二层空间或利用阁楼做卧室。

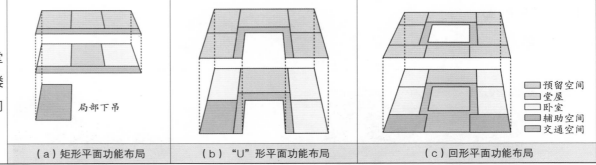

局部下吊

预留空间
堂屋
卧室
辅助空间
交通空间

| （a）矩形平面功能布局 | （b）"U"形平面功能布局 | （c）回形平面功能布局 |

2.1.5　建筑缓冲空间

　　山地丘陵随地形出现多种微气候。河流山体可以形成水陆风、山谷风，山体可以遮阳、提供阴凉，山上植被也可以提供有利的微气候。建筑的形体布局等因素也可以合理改善微环境。

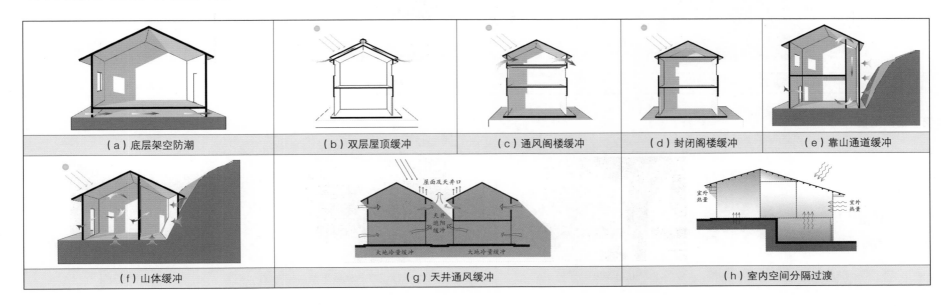

| （a）底层架空防潮 | （b）双层屋顶缓冲 | （c）通风阁楼缓冲 | （d）封闭阁楼缓冲 | （e）靠山通道缓冲 |
| （f）山体缓冲 | （g）天井通风缓冲 | （h）室内空间分隔过渡 |

2.1.6 特色细部

1）川渝地区

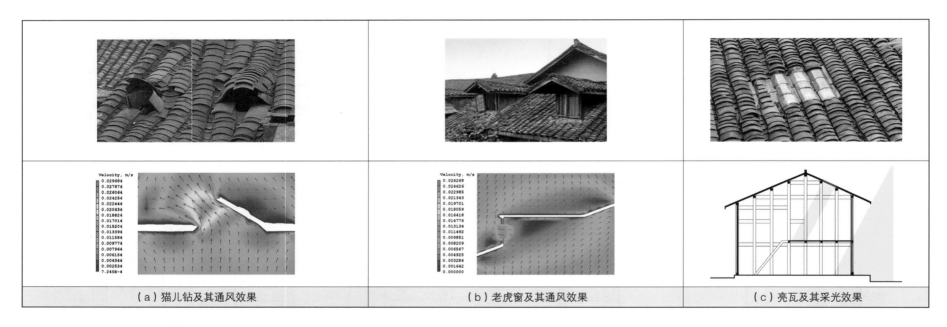

| （a）猫儿钻及其通风效果 | （b）老虎窗及其通风效果 | （c）亮瓦及其采光效果 |

2）云南地区

（1）装饰

　　梁枋檐柱及支摘窗、勾头瓦等配有吉祥图案。

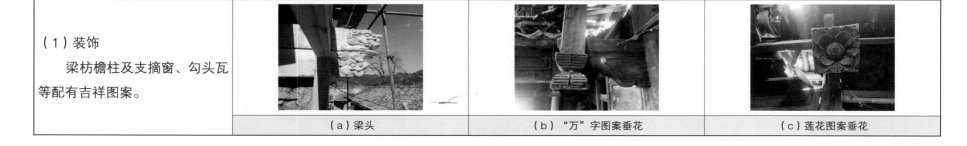

| （a）梁头 | （b）"万"字图案垂花 | （c）莲花图案垂花 |

（2）山墙形式

一颗印的山墙一般采用两段式，自下而上分别是高度约 1m 的石砌勒脚、夯土墙或土坯墙，勒脚一般是条石错缝砌筑或乱石砌筑。这种做法可以保护墙体底部免受雨水冲刷、返潮和碰撞，简单直接，呈现出粗犷质朴之感。

偶见山墙面为三段式的做法，下段是石砌勒脚，中段是土坯墙砌筑外层粉刷青灰色面层或夯土面层，上段是土坯墙砌筑，外包青砖饰面。这种做法同样可以保护墙体底部，同时又将三种材料组合运用，减少了山墙的厚重感，不同材质与颜色的拼合也使整个墙面更加细腻精致。

山墙整体用夯土或土坯的形式并不常见，这类墙体底部的夯土易因雨水冲刷、返潮、碰撞而脱落，渐渐被淘汰。

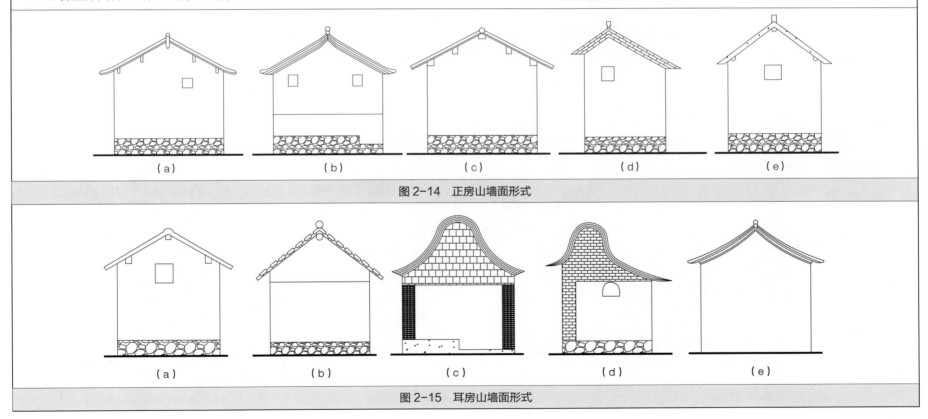

（a）　　　　　（b）　　　　　（c）　　　　　（d）　　　　　（e）

图 2-14　正房山墙面形式

（a）　　　　　（b）　　　　　（c）　　　　　（d）　　　　　（e）

图 2-15　耳房山墙面形式

2.2 土家族、苗族和侗族

2.2.1 聚落选址与形态

1）聚落选址

（1）土家族聚落选址	**（2）苗族聚落选址**	**（3）侗族聚落选址**

（1）土家族聚落选址

　　土家族村寨散布在崇山峻岭中，由于地处山区，耕地较为匮乏，素有"八山一水一分田"之称，故建造房屋一般都选择在坡脚田边。

　　土家族村寨布局：有背靠大山、曲水环绕、靠近耕地等特点。

（2）苗族聚落选址

　　苗族村寨所在地形多为典型河流谷地，主体位于河流两侧的坡地上。受耕地资源的限制，生活在这里的苗族居民充分利用这里的地形特点，在半山建造独具特色的吊脚楼。

　　苗族村寨布局特点：聚落空间形态具有等级性；聚落空间形态呈现中心性；聚落空间单元具有相似性。

（3）侗族聚落选址

　　侗族建寨的一个重要原则就是依山傍水。依山，可收林木之利，建造房屋，可开辟梯田，开荒种地；傍水，是生存选择的结果，以水稻耕作为主要生存手段更是离不开水。

　　侗族村寨布局特点：依山傍水，布局以鼓楼为中心，建筑围绕着鼓楼层层辐射开来，并体现血缘纽带的民居组团规则。

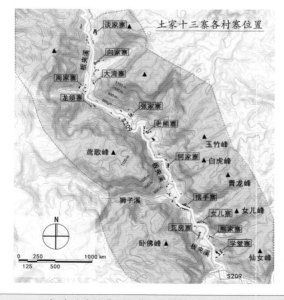

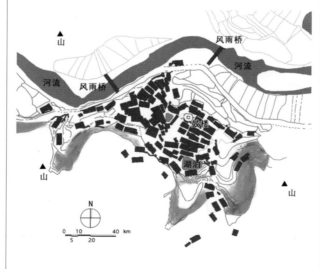

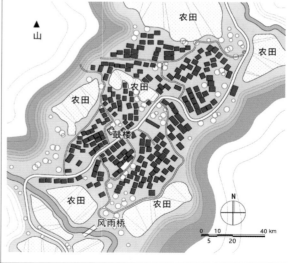

（a）土家族典型聚落——黔江土家十三寨	（b）苗族典型聚落——雷山县朗德上寨	（c）侗族典型聚落——从江县岜扒村

（d）黔江土家十三寨山谷鸟瞰	（e）雷山县朗德上寨鸟瞰

（f）从江县岜扒村侗寨鸟瞰

2）地形适应

土、苗、侗族聚居区地表形态多为丘陵山地，地形地貌复杂。结合民居建筑在地形适应方面的特征，可按坡度的不同，将村寨选址分为平缓型、稍陡型、陡峭型三类。

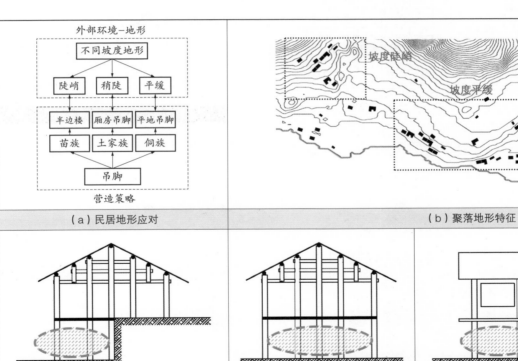

（a）民居地形应对

（b）聚落地形特征

三族民居均以"吊脚"适应复杂地形。依村寨地形坡度情况有三种吊脚形式：苗族为适应"陡峭"地形的"半边楼"；侗族为适应"平缓"地形的平地吊脚；土家族为适应"坡度稍陡"的厢房吊脚。

（c）苗族"半边楼"吊脚

（d）侗族平地吊脚

（e）土家族厢房吊脚

3）微气候适应

土、苗、侗族村寨民居布局特征响应了地域微气候。三族村寨选址多位于山坡谷地，这样的地形多山谷风。白天盛行谷风，从谷底吹向山坡，风速较大；夜晚盛行山风，从山坡吹向谷底，风速较小。

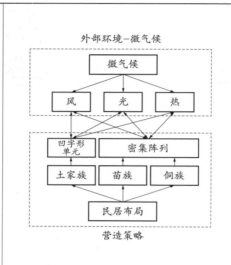

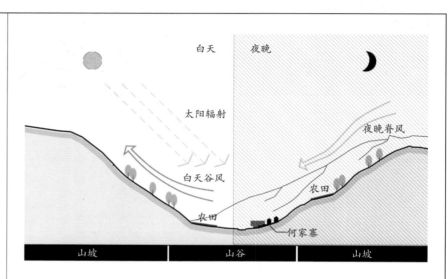

| （a）民居微气候应对 | （b）山谷风示意 |

山谷风对聚落微气候有主导作用。土家族民居布局为"凹"字形，"兜"住来自谷底的谷风；而苗、侗族民居紧密的阵列布局有利于形成冷巷。土、苗、侗族民居不同的布局方式具有不同的采光遮阳效果。总体上看土家族民居布局方式采光效果更好，苗、侗族民居布局方式遮阳能力更强。

  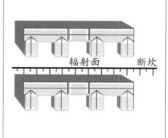 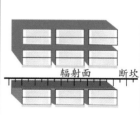

| （c）土家族民居布局与气流组织 | （d）苗、侗族民居布局与气流组织 | （e）土家族民居布局与采光遮阳 | （f）苗、侗族民居布局与采光遮阳 |

2.2.2 外部公共空间

传统民族聚落公共空间是行政议事、宗教性集会、民族节庆、休闲娱乐、农事活动与社会交往的场所，集中体现了地域民族文化的特质。

（a）土家十三寨公共空间

（b）苗族朗德上寨公共空间

（c）侗族岜扒村公共空间

1）寨门

寨门位于进寨的路口上，其作用一是防止家禽家畜外出破坏庄稼；二是作为迎宾送客的场所。其中侗族寨门有多重屋檐，特征最为明显。

（a）土家族寨门

（b）苗族寨门

（c）侗族寨门

2）风雨桥

风雨桥更多是从风水上来考虑，往往坐落于龙脉消歇隐退以及村寨的水口位置，可以起到把龙气贯穿连通，调和理气的作用。曲水环绕下，风雨桥也是村寨重要的出入口，兼有一定的防御属性。

（a）土家族风雨桥

（b）苗族风雨桥

（c）侗族风雨桥

3）广场

广场是人群聚集活动的主要场所，也用作晾晒粮食。土家族多摆手舞广场；苗族有芦笙场，每逢节日，载歌载舞；侗族广场主要以鼓楼为中心。

（a）土家族摆手舞广场

（b）苗族芦笙场

（c）侗族鼓楼广场

4）其他

侗族是三个民族中公共空间最多的民族。

侗寨中鼓楼是村寨中心；凉亭建在路边，是休憩的场所；戏台是村寨中的室外娱乐场所；萨坛是祭祀的场所，是侗族原始宗教活动的重要场所；禾晾是侗族人民山区稻作文化的产物；歌坪是从鼓楼外部场地延伸出来的另一部分空间，是侗族村寨中小型的室外空间。

（a）侗族鼓楼

（b）侗族凉亭

（c）侗族戏台

（d）侗族萨坛

（e）侗族禾晾

（f）侗族歌坪

2.2.3　本土建筑演变及发展

　　土、苗、侗族民居由早期干栏式民居演变而来。远古时期，西南地区的人类为了躲避野兽和适应潮湿气候发展出巢居样式民居。随着农耕文明兴起，人们走出丛林，逐渐在平地或山坡上构筑适合居住的场所。文献《魏书·僚传》曰："依树积木，以居其上，名曰干栏。"这是对早期巢居和干栏式民居的描绘，之后干栏式建筑样式演化出多种建筑形式。土家族、苗族和侗族的干栏式民居演变具有相似性，可分为如下三个时期：

　　（1）形成时期：自然环境作用更明显。经济技术条件落后，社会文化因素作用被抑制。

　　（2）成熟时期：自然、文化均衡作用。经济技术条件在一定阈值内稳定发展，自然环境的制约性减弱，社会文化因素作用得到释放。

　　（3）变迁时期：经济技术环境作用更明显。经济技术条件阶跃式膨胀发展，自然环境的熵增突破阈值，建筑的适应性凸显为经济技术环境选择的结果。

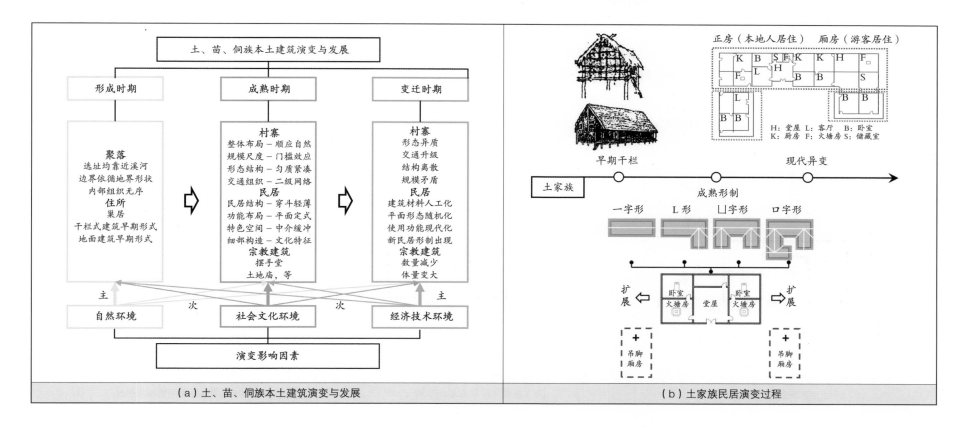

（a）土、苗、侗族本土建筑演变与发展　　　　　　　　　　　　　　　（b）土家族民居演变过程

2.2.4 建筑平面形制

1）平面形制

现存土、苗、侗族民居虽形式多样，但各民族民居有其基本形制，现存民居形式均从基本形制发展而来。

（1）土家族民居平面形制	（2）苗族民居平面形制	（3）侗族民居平面形制
平面形式主要有以下四种：一字形、L形、凵字形（三合水）、口字形；各种平面组合形式均由一字形发展而来，是一字形的延伸。 横向一字形为正房，两侧为厢房。正房中间的那一间为堂屋，是民居主入口；堂屋两边的称为"人间"，可用作卧室，也可用作火塘房；厢房主要用作卧室，在古代是未出嫁女儿的闺阁。	苗族民居加上吊脚共计三层，上层贮谷，中层住人，下宿牲畜。 堂屋是整个屋子的中心，是祭祀祖先和公共活动的地方；在堂屋外侧挑廊处靠边通长设置靠背栏杆，形成一个可以自然通风和采光的半室外敞厅；吊脚层只有二层一半进深。民居成条状矩形，居住功能分区合理且空间比例适宜。	侗族民居加上吊脚共计两层，阁楼贮谷，中层住人，下宿牲畜。 侗族民居平面成一字排开，民居中每个小家庭占有一个或几个独立的开间；每个开间又分为两进，第一进为火塘房，第二进为卧室；这几个开间平行排列，用宽廊（敞厅）串联。因而侗族民居延展性大、布局自由，有的甚至长达十多间。
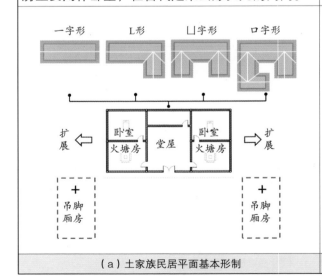	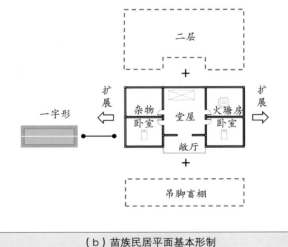	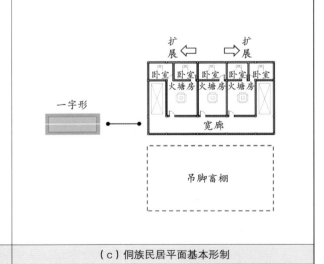
（a）土家族民居平面基本形制	（b）苗族民居平面基本形制	（c）侗族民居平面基本形制

2）典型平面

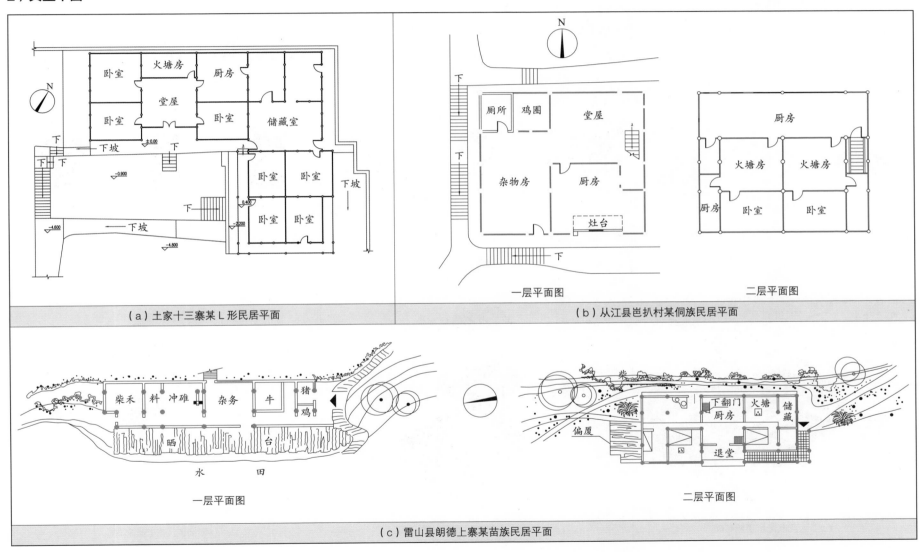

（a）土家十三寨某 L 形民居平面

（b）从江县岜扒村某侗族民居平面

一层平面图　　　二层平面图

一层平面图　　　二层平面图

（c）雷山县朗德上寨某苗族民居平面

2.2.5 建筑形体与布局

土家族、苗族与侗族民居形体特征：土家族民居有四种单体组合类型，苗族侗族民居只有一字形一种；三民族民居立面均以吊脚为典型特征，但吊脚形式各具特色；三民族民居均有大屋顶且出檐深远。土家族、苗族与侗族民居在主要包含四类功能空间：堂屋、卧室、厨房及火塘房、辅助及杂物用房。

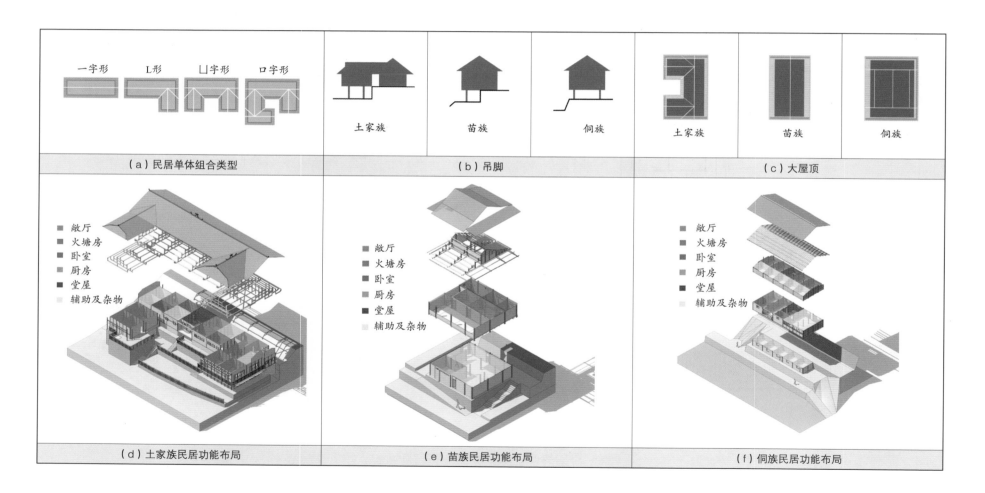

（a）民居单体组合类型	（b）吊脚	（c）大屋顶
（d）土家族民居功能布局	（e）苗族民居功能布局	（f）侗族民居功能布局

①基本宅型

典型土家族民居包括正房和厢房，一般为"凹"字形或"L"形，也有一字形和"口"字形的。

②阁楼层

所有房间顶棚上部的三角形屋顶空间水平贯通，形成阁楼，四周仅有支撑的柱，没有墙体围合，屋顶架空覆于下部房间之上，之间形成半室外的屋顶缓冲空间。

③正房

正房平行于等高线，中间为堂屋，净高略高，两侧为卧室或火塘房，可按需求设置间数，且地板架空。

④厢房

厢房垂直于等高线，两层，上层围绕"转千子"，底层可架空畜养牲畜，也可封闭起来做储物房。

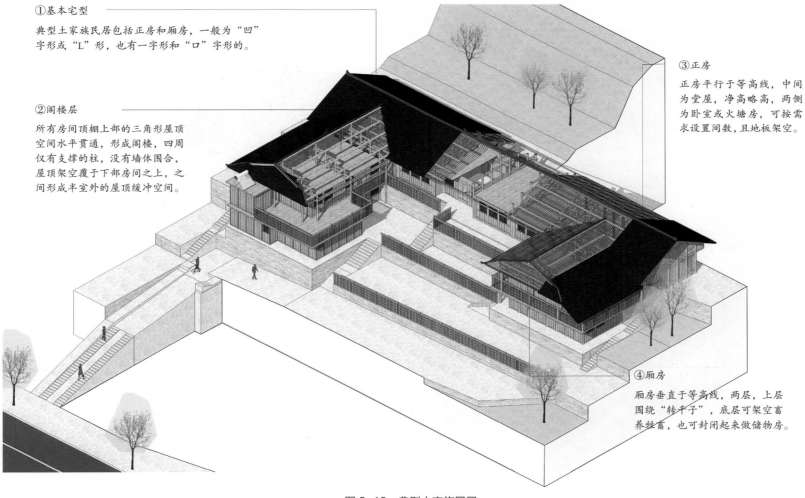

图 2-16 典型土家族民居

①阁楼层

阁楼层主要用于储物，同时部分房间顶棚上部的三角形屋顶空间水平贯通，并与外部连通，形成屋顶缓冲空间，具有气候调节作用。

③基本宅型

典型苗居多为一字形，一般分为三层：阁楼、中间层和底层。中间层有敞厅，底层进深减半且嵌入山体之中，故苗居又称"半边楼"。

④吊脚层

吊脚层主要用于畜养牲畜和储存杂物，可架空，也可封闭。

②敞厅

苗居二层均有敞厅，敞厅在夏季可作为休憩纳凉之所，在冬季亦可接纳充足的阳光。

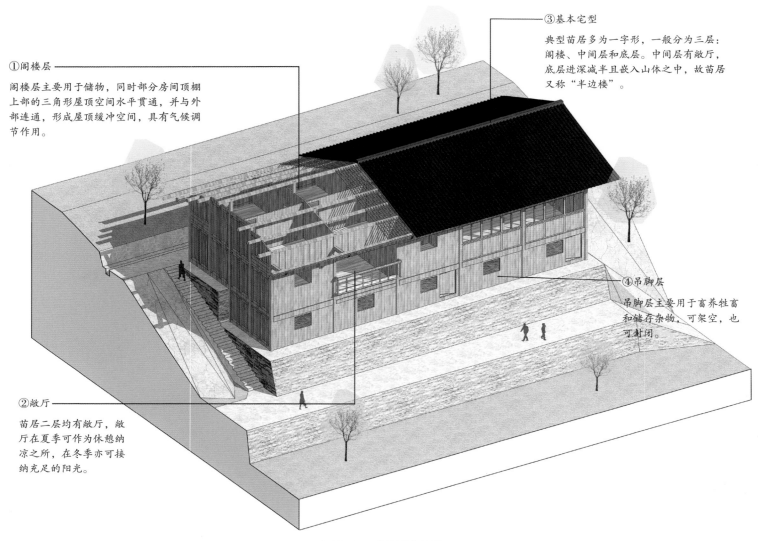

图 2-17 典型苗族民居

①宽廊

宽廊串联了各平行的房间，起到交际、招待客人的作用，还兼有改善居住环境、视觉境界和室内热环境的功能。

③基本宅型

典型侗居平面多成一字排开，每个小家庭占有一个或几个独立的开间，"前中后"纵向序列，前廊后室，延展性大、布局自由。

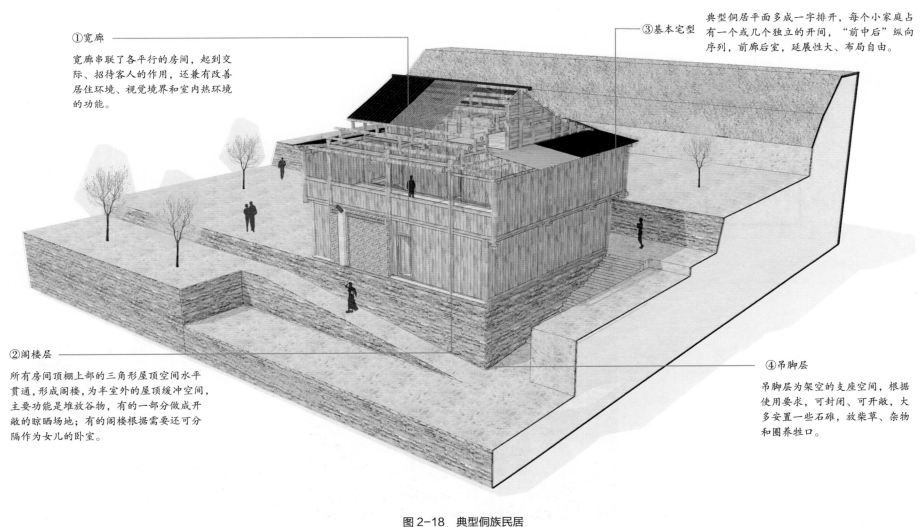

②阁楼层

所有房间顶棚上部的三角形屋顶空间水平贯通，形成阁楼，为半室外的屋顶缓冲空间，主要功能是堆放谷物，有的一部分做成开敞的晾晒场地；有的阁楼根据需要还可分隔作为女儿的卧室。

④吊脚层

吊脚层为架空的支座空间，根据使用要求，可封闭、可开敞，大多安置一些石碓，放柴草、杂物和圈养牲口。

图 2-18　典型侗族民居

2.2.6 建筑缓冲空间

　　传统哲学的"中庸"思想提倡人与自然和谐共处,沉淀下来丰富的建筑文化遗产,尤其是在本土建筑领域。土、苗、侗族民居围护结构以轻薄、通透为特征,热工性能较差,民居便通过合理安排空间或采用一些巧妙的建筑构造协助调节室内热环境,民居气候适应性多以"缓冲""削减""引导"等方式为主,并常常应用"中介体"来达到气候调节效果。

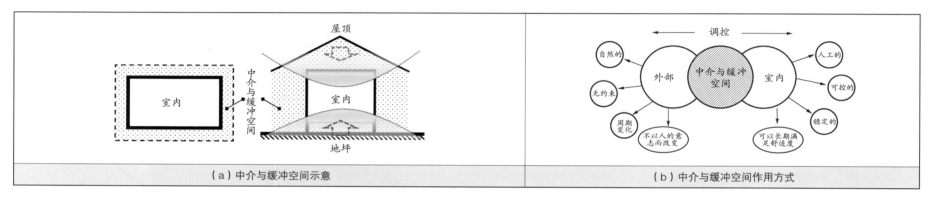

| （a）中介与缓冲空间示意 | （b）中介与缓冲空间作用方式 |

1）屋顶

　　不同于现代民居屋顶,苗族、侗族、土家族民居屋顶都不是封闭的。如土家族民居屋顶构造分为三层,最上层为冷摊瓦屋面,中间为与室外连通的空气间层,下部为木顶板,所有楼板上部的三角形屋顶空间水平贯通,四周仅有支撑的柱,没有墙体围合,屋顶架空覆于下部房间之上,檐下开口。这样的屋顶空间对于减少室内太阳辐射得热具有很好的效果。

| （a）土家族民居屋顶外部 | （b）土家族民居屋顶内部 |

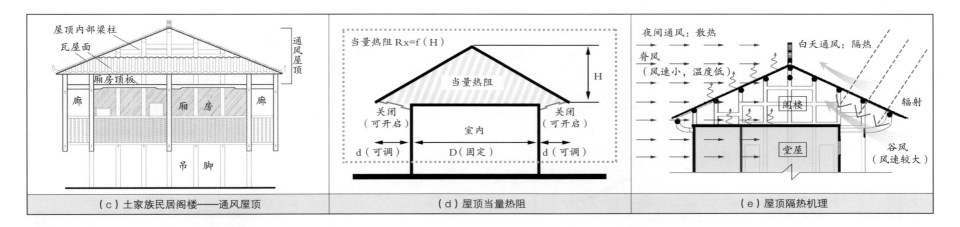

| （c）土家族民居阁楼——通风屋顶 | （d）屋顶当量热阻 | （e）屋顶隔热机理 |

2）檐下空间

土、苗、侗族民居的一大特色就是出檐深远，深远的出檐造就了民居丰富的半室外空间形式。本书将其归纳为三类：敞厅、回廊和冷巷。其中回廊又可分为内回廊和外挑廊，以十三寨主寨何家寨为例，以上三类檐下空间位置见图。

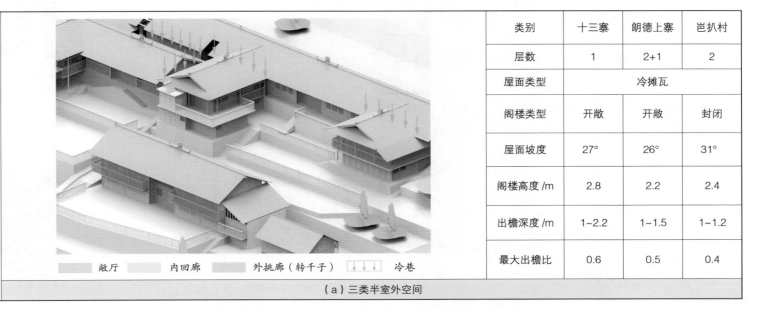

| 敞厅 | 内回廊 | 外挑廊（转千子） | ↓↓↓ 冷巷 |

（a）三类半室外空间

类别	十三寨	朗德上寨	岜扒村
层数	1	2+1	2
屋面类型	冷摊瓦		
阁楼类型	开敞	开敞	封闭
屋面坡度	27°	26°	31°
阁楼高度 /m	2.8	2.2	2.4
出檐深度 /m	1~2.2	1~1.5	1~1.2
最大出檐比	0.6	0.5	0.4

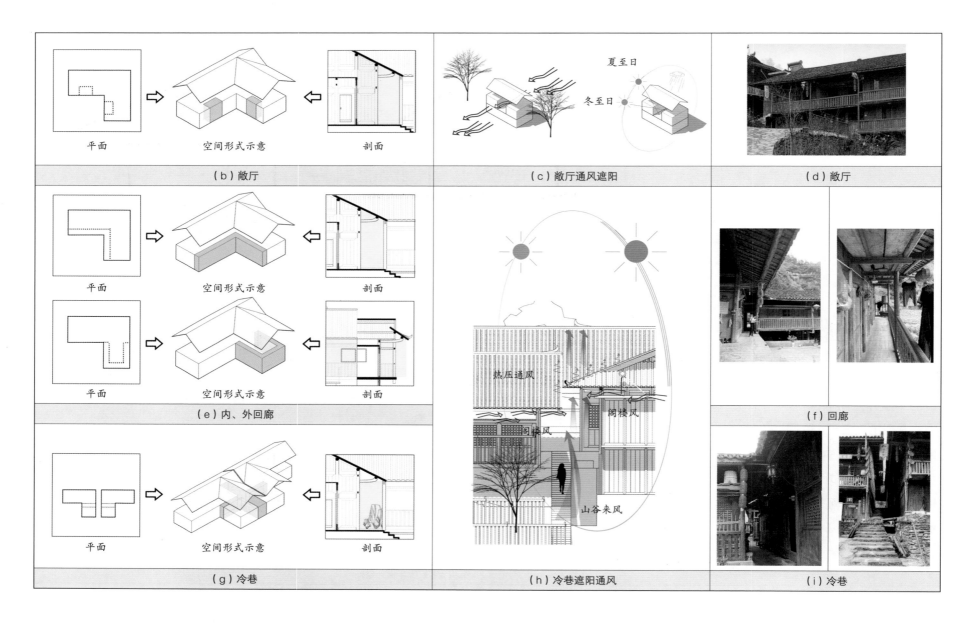

平面　　　空间形式示意　　　剖面

（b）敞厅

（c）敞厅通风遮阳

夏至日

冬至日

（d）敞厅

平面　　　空间形式示意　　　剖面

平面　　　空间形式示意　　　剖面

（e）内、外回廊

热压通风

阁楼风

围楼风

山谷来风

（f）回廊

平面　　　空间形式示意　　　剖面

（g）冷巷

（h）冷巷遮阳通风

（i）冷巷

3）架空与吊脚

　　土家族民居主屋地板升起约15~25cm，形成架空地板空气层，空气层与外部相通，既能隔潮又可排湿。吊脚的隔潮排湿作用更显著，但增加了民居体形系数。

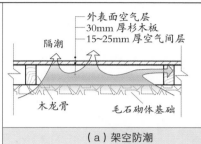	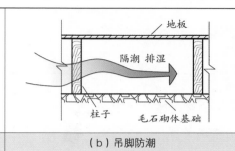	
（a）架空防潮	（b）吊脚防潮	（c）吊脚与架空构造热湿缓冲作用

2.2.7　特色细部

1）穿斗和屋脊装饰

　　土家族民居的结构是南方地区穿斗式结构中比较特殊的一种，被称为"满瓜满枋"。以木材使用最广，故大部分地区为木构房屋。屋脊用青瓦叠加堆砌，形成复杂的双龙戏珠和凤凰翘头造型等，象征吉祥如意。苗居的屋脊装饰以鸟类为母题，檐口以波浪装饰，屋脊上有腰花。

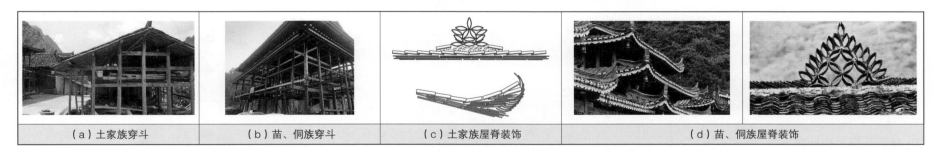

| （a）土家族穿斗 | （b）苗、侗族穿斗 | （c）土家族屋脊装饰 | （d）苗、侗族屋脊装饰 |

2）其他

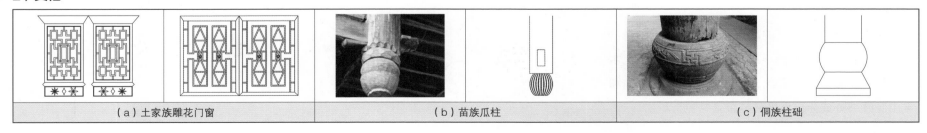

| （a）土家族雕花门窗 | （b）苗族瓜柱 | （c）侗族柱础 |

2.3 壮族

2.3.1 聚落选址与形态

1）桂西北地区

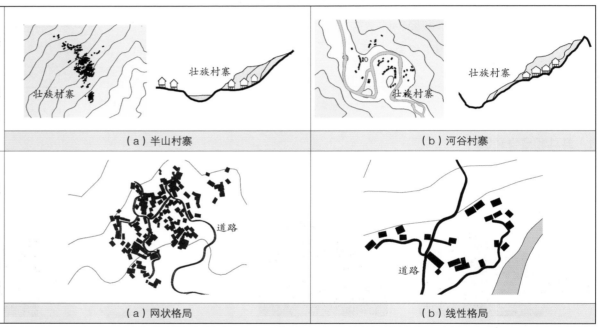

（1）聚落选址

桂西北地区高山成群，山势陡峭，人们多选择在半山缓坡处开垦梯田，然后在田地附近修建民居。在河谷周边，由于水资源丰富，适宜种植水稻，粮食与水源得到保障。因此桂西北地区壮族聚落多为半山村寨和河谷村寨。

（a）半山村寨　　　　　（b）河谷村寨

（2）聚落形态

半山村寨大多沿等高线布置，并且优先在缓坡上发展，有明显的水平走势，由纵横交错的道路联系，聚落形态多呈网状格局。

沿河发展的聚落多沿主路一侧或两侧发展，由于线性道路不能延伸太长，逐渐发展出垂直于道路的分支，形成沿河靠山的线性格局。

（a）网状格局　　　　　（b）线性格局

2）桂西及桂西南地区

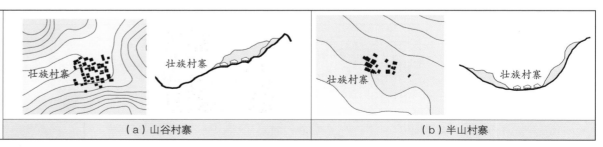

（1）聚落选址

桂西及桂西南地区的地形多为岩溶地貌的峰丛洼地类型，石山坚硬，不易挖凿建房，而且山上水源短缺，植被较差，因此，山峰之间的山谷盆地和半山腰缓坡处成为该地区壮族聚落常见选址。

（a）山谷村寨　　　　　（b）半山村寨

（2）聚落形态

桂西及桂西南地区的壮族聚落多位于山头之间的平坦谷地或山脚缓坡处，聚落建筑成行成排布置，形成成团成片的散点式格局。

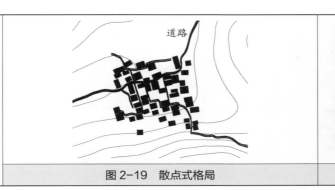

图 2-19　散点式格局

图 2-20　散点式代表——广西那坡吞力屯

3）建筑适应地形

桂西与桂北地区均为山地，地形复杂多变，所以壮族聚落的布局多因地制宜，随坡就势。桂西北地区的半山壮族村寨多分布在 30°左右的陡坡上，民居屋前屋后用地狭窄，皆临陡坎，陡坎高度一般在 1.5~2m 之间，因此设有片石挡土墙以构筑不同高程的台地；桂西及桂西南地区的壮族聚落选址较为平坦，建筑常采用平行布置的方式，布局更加规整。

图 2-21　桂西北地区壮族村寨

图 2-22　桂西北地区壮族村寨剖面图

图 2-23　桂西及桂西南地区壮族村寨

图 2-24　桂西及桂西南地区壮族村寨剖面图

壮族村寨主干道沿等高线布置，曲折蜿蜒，村寨小巷道的形成多是"先屋后路"，道路与建筑结合的方式有 2 种：道路从建筑下方穿过（道路横穿建筑底层、道路穿越建筑挑台）和道路与连廊穿插（道路穿过建筑之间的连廊、道路穿过建筑与台地间的连廊）。

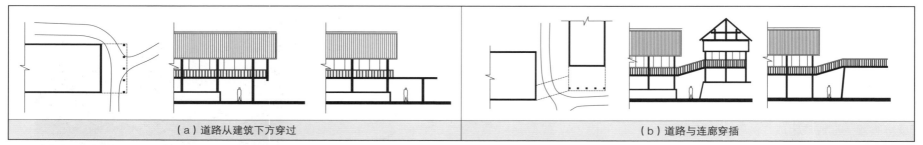

|（a）道路从建筑下方穿过|（b）道路与连廊穿插|

图2-25　村寨道路与建筑的关系

2.3.2　外部公共空间

寨门：内外分界的标志和出入村寨的主要通道。风雨桥：壮族聚落依山环水，为了供行人避雨和保护木质的桥身，在桥上搭建亭廊，就成为"风雨桥"。
凉亭：广西山区，山高路陡，日照强烈，生活在此的壮族人民上山下山重担行走非常辛苦，因此素来有在村寨附近通往田间的通道旁修建凉亭的风俗。

图2-26　龙脊古壮寨

1）寨门
（a）廖家寨寨门
（b）金竹寨寨门

2）风雨桥
（a）龙脊村风雨桥
（b）平安寨风雨桥

3）凉亭
（a）田边凉亭
（b）寨外凉亭

2.3.3　本土建筑演变及发展

壮族民居的发展经历了巢居、栅居——干栏、半干栏——地面木构房屋 3 个阶段。其中，巢居是干栏的起始原型，栅居是干栏发展的初级阶段，半干栏是干栏向地面建筑过渡的一种山地表现形态和进一步的发展。

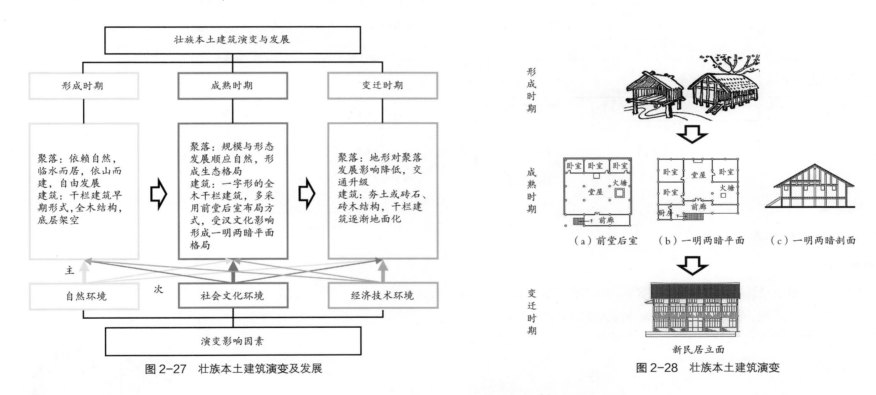

图 2-27　壮族本土建筑演变及发展　　　　　　图 2-28　壮族本土建筑演变

2.3.4　建筑平面形制

壮族干栏式民居都分布在山区，山地适宜修建住房的土地面积较少，民居形式都采用独栋的干栏式木楼，民居平面形态分为三种基本形式：一字形、L 形和凹字形。桂西北地区民居多进深浅面宽大，平面呈横长方形；桂西及桂西南地区民居进深多大于面宽，平面呈竖长方形。

1）桂西北地区

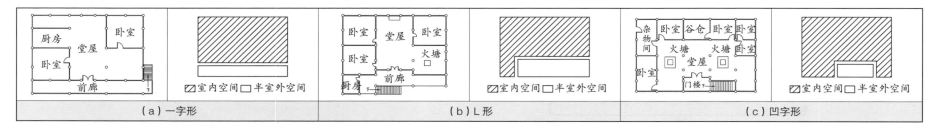

| （a）一字形 | （b）L形 | （c）凹字形 |

2）桂西及桂西南地区

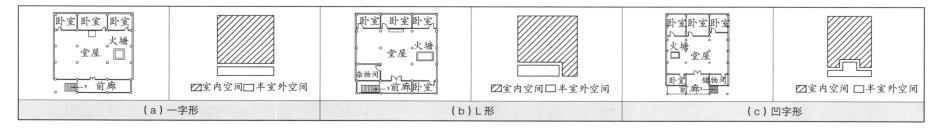

| （a）一字形 | （b）L形 | （c）凹字形 |

2.3.5 建筑形体与布局

1）建筑形体

　　桂西北、桂西及桂西南地区的壮族民居多为一字形的独栋建筑，突出或凹进尺寸较小。桂西北地区民居多进深浅面宽大，平面呈横长方形（面宽：15~20m，进深：8~12m）；桂西及桂西南地区民居进深多大于面宽，平面呈竖长方形（面宽：8~10m，进深：9~16m）。

| 图2-29　桂西北地区民居 | 图2-30　桂西及桂西南地区民居 |

2）建筑布局

壮族民居常采用"前堂后室"和"一明两暗"的平面布局形式。"前堂后室"即民居前部是起居待客空间，后部为家庭成员的寝居空间。"一明两暗"即卧室空间在堂屋两侧，火塘位于堂屋一侧或堂屋之后的正中开间或侧间。"卧室前置"式的平面布局是"前堂后室"的一种变体形式。

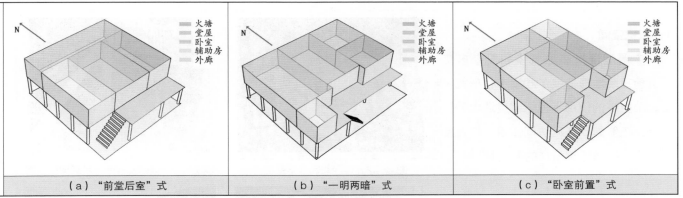

（a）"前堂后室"式　　　　（b）"一明两暗"式　　　　（c）"卧室前置"式

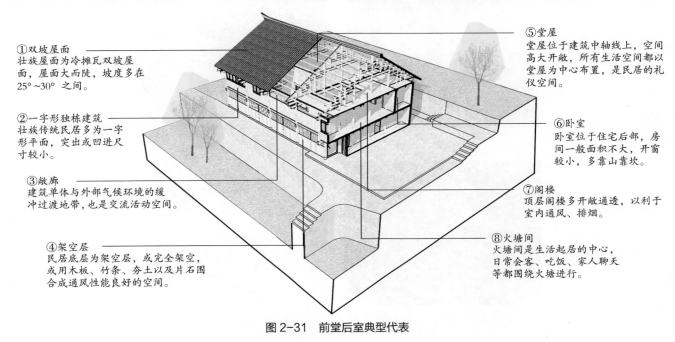

①双坡屋面
壮族屋面为冷摊瓦双坡屋面，屋面大而陡，坡度多在25°~30°之间。

②一字形独栋建筑
壮族传统民居多为一字形平面，突出或凹进尺寸较小。

③敞廊
建筑单体与外部气候环境的缓冲过渡地带，也是交流活动空间。

④架空层
民居底层为架空层，或完全架空，或用木板、竹条、夯土以及片石围合成通风性能良好的空间。

⑤堂屋
堂屋位于建筑中轴线上，空间高大开敞，所有生活空间都以堂屋为中心布置，是民居的礼仪空间。

⑥卧室
卧室位于住宅后部，房间一般面积不大，开窗较小，多靠山靠坎。

⑦阁楼
顶层阁楼多开敞通透，以利于室内通风、排烟。

⑧火塘间
火塘间是生活起居的中心，日常会客、吃饭、家人聊天等都围绕火塘进行。

图 2-31　前堂后室典型代表

2.3.6 建筑缓冲空间

1）架空空间

广西潮湿炎热的气候和复杂多变的山地丘陵地形造就了壮族干栏形式民居，架空层的使用不但能够灵活地适应地形，还能起到通风防潮作用，降低室内气温，提高建筑材料的耐久性。

图 2-32 桂西北民居架空空间

图 2-33 桂西及桂西南民居架空空间

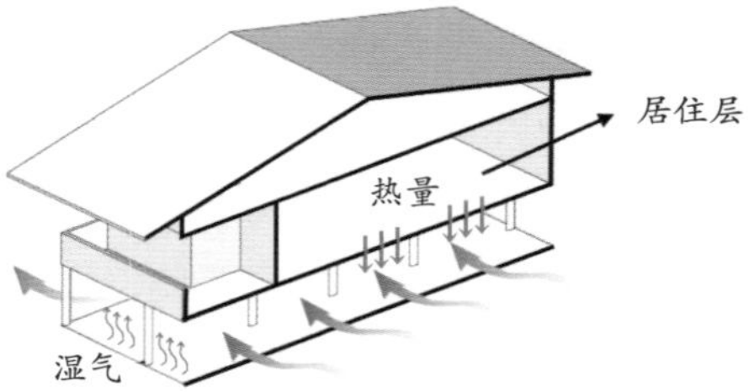

图 2-34 架空空间隔湿降温

2）门楼与檐廊

门楼与檐廊均为室内外过渡空间。壮族民居檐口较低，出檐深远，廊下空间可在夏季营造出凉爽的微环境，同时还能保护木制墙面免受雨水侵蚀。

图 2-35 门楼

图 2-36 檐廊

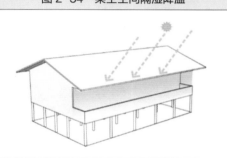

图 2-37 屋檐遮阳

3）阁楼空间

阁楼空间作为民居的储藏空间，具有夏季隔热降温、冬季保温作用，同时还能使下部空间温度更为稳定。桂西地区的阁楼山墙常常未完全封闭，利用风压通风，起到降温效果。

图 2-38 阁楼内部

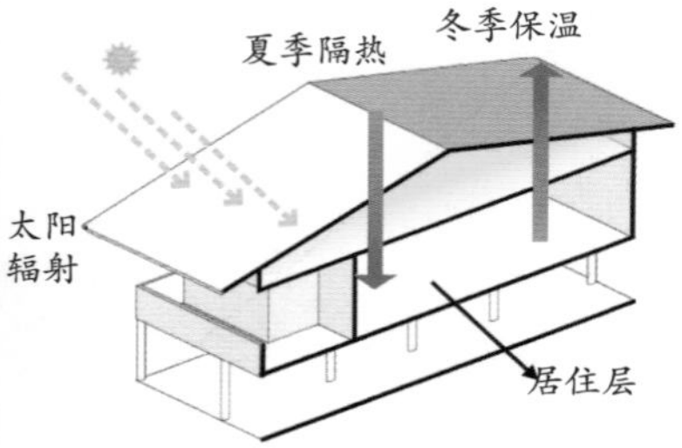

图 2-39 阁楼空间保温隔热

图 2-40 阁楼空间通风

2.3.7　特色细部

1）堂屋明瓦

堂屋正上方的屋顶通常设置有数片明瓦，以保证堂屋的采光，同时正对神龛的明瓦也用光线来强调神灵的光芒。

（a）堂屋明瓦

2）山墙开洞

山墙在架空层和居住层均开有圆形小孔，部分民居的山尖部分镂空，以作采光和排烟之用，同时也利于热空气的排出。

（b）山墙小孔

3）阁楼山墙

桂西地区壮族民居山墙面类似山花位置的三角区域，木材采用斜纹铺设方式，光线可透过斜纹木材间的间隙进入室内。

（c）斜纹木格山墙

4）高大石柱础

为应对潮湿多雨、虫蚁滋生的环境，在立柱之下支垫相应石柱础。当地石材丰富，柱础可齐腰高，甚至接近一人高。大户人家还会做精美的雕刻。

（d）檐柱柱础

5）建筑装饰

壮族崇拜的对象有火神、水神、树木神、土地神、山神、石神、雷神、太阳神等，壮族建筑的柱头、屋脊、挑手等常常采用自然动植物形象作为装饰，即源于壮族人民对自然、神灵的崇拜。

（e）瓜柱柱头

（f）屋脊

（g）挑手

2.4 彝族

2.4.1 聚落选址与形态

1）穿斗搧架式聚落

（1）聚落选址

　　穿斗搧架式聚落主要分布在四川凉山高海拔地区。山区地形支离破碎，聚落规模及密度小，多选址于山坡缓坡、山麓河谷等地区。按照地理环境特点的不同，可以将凉山彝族聚落分为三类：半山村寨、山顶村寨、河谷村寨。

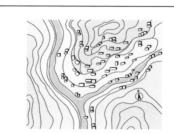

| （a）半山村寨 | （b）山顶村寨 | （c）河谷村寨 |

（2）聚落形态

　　凉山彝族聚落布局主要分为三种形式：独立式建筑布局、断裂式建筑布局、竹茎竹节式建筑布局。

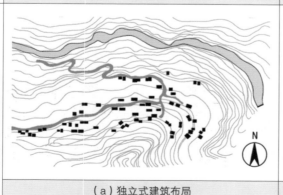
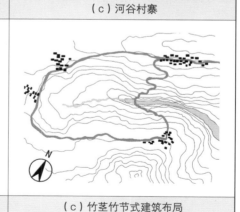

| （a）独立式建筑布局 | （b）断裂式建筑布局 | （c）竹茎竹节式建筑布局 |

2）土掌房聚落

土掌房聚落主要分布于云南红河流域，坐落于海拔 1000~1400 m 的下半山区，背山（坡）面阳（谷），村前有水，山头有林。建筑通常建在地势较陡的山坡上，不论地形高差多大，都会依次修建，这样可以减少占用耕地，节省土地。

| （a）红河彝族聚落布局 | （b）红河彝族聚落形态 |

土掌房聚落大都沿等高线进行布局，在坡地上分层筑台。聚落内部道路纵横，主要纵向人行道路平行于等高线，而联系上下的交通一般是梯坎或者各家屋顶平台，土掌房的平台与平台之间相互联系形成一个完整的空间交通体系，地面层、平台层与室内空间形成土掌房的三层"界面"，表现为致密的聚落形态和集中的聚落肌理。整个村寨的布置采用立体式布局，山顶为放牧区，中间为居住区，下面则是高原山区稀有的农田平地。

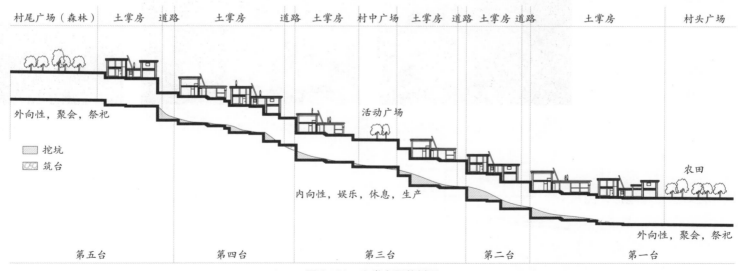

图 2-41　土掌房聚落剖面

3）井干式聚落

井干式聚落多分布于滇西北的高山陡坡地区，周围林木丰富。聚落多顺应山势，平行等高线排布。割裂的山水地形使得聚落形成由多个组团随地形变化的群体组合空间形态。聚落规模不大，无明显的中心，建筑间距较大。村寨交通与地形有机结合，形成随机、自由的道路。

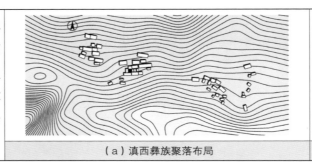

（a）滇西彝族聚落布局

（b）滇西彝族聚落形态

4）建筑适应地形

凉山彝族聚落多选址于缓坡、山麓河谷等地区，聚落规模及密度较小。红河流域的彝族聚落主要分布于干热河谷或干冷山坡，山腰顺势分层筑台形成聚落。滇西地区的彝族聚落多位于高山陡坡地区，聚落多顺应山势，平行于等高线，聚落规模较小。

图 2-42　凉山地区彝族聚落

图 2-43　红河地区彝族聚落

图 2-44　滇西地区彝族聚落

地形总体可以分为三种：缓坡地、中坡地、陡坡地，针对这三种地形，民居主要有三种适应地形的方式：筑低台；挖深坑，筑低台；挖浅坑，筑高台。

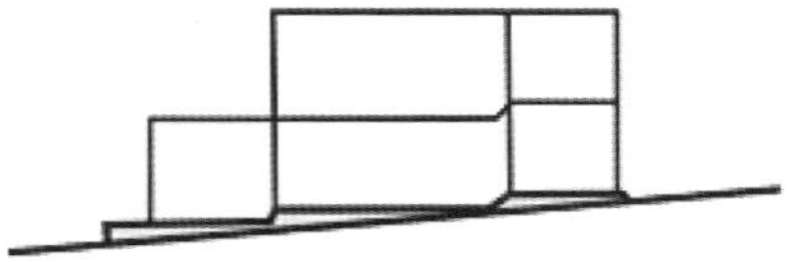

图 2-45　缓坡——筑低台

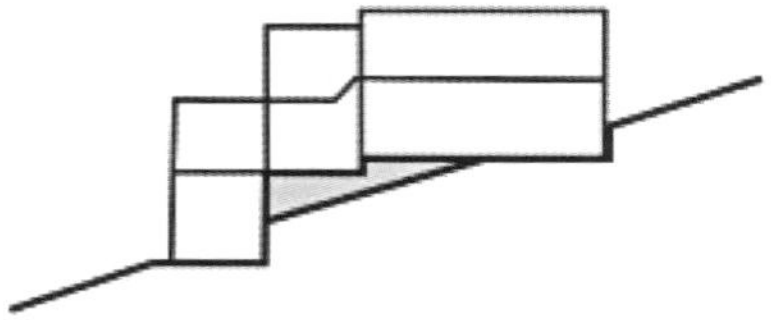

图 2-46　中坡——挖深坑，筑低台

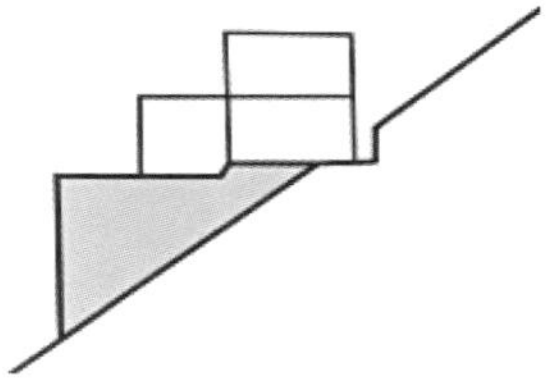

图 2-47　陡坡——挖浅坑，筑高台

5）聚落周边环境利用

凉山彝族人习惯在自家院落周围种树,在夏季,植物环绕对民居起到了隔热降温的作用,还可以抵挡由于暴雨可能产生的泥石流等。院落之间相隔较远。为抵御高山区冬季山风侵入,院落一般都用院墙围起,院墙高 3m 以上。院门大多开在院墙两侧,与户门错开,起防风保暖作用。

图 2-48　凉山昭觉巴姑村外环境

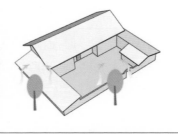

图 2-49　周边植物降温

图 2-50　院墙挡风

2.4.2　本土建筑演变及发展

彝族民居的发展是由开放外向的独栋式向封闭内向的合院式过渡。

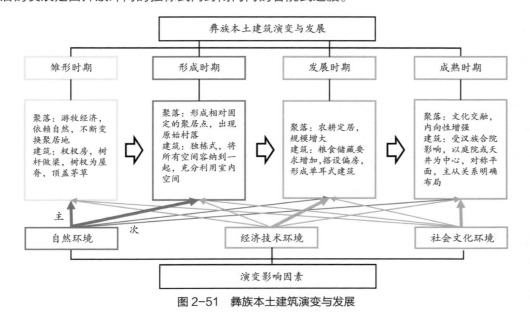

图 2-51　彝族本土建筑演变与发展

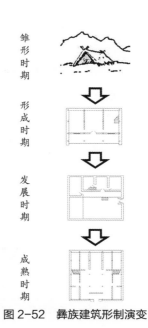

图 2-52　彝族建筑形制演变

2.4.3 建筑平面形制

1）穿斗搁架房

穿斗搁架房的正房体量一般不大，多为一字形平面，面阔三间，堂屋为一层，火塘在堂屋一侧，在入口处多形成凹廊，用于户外生产劳作。堂屋左边是称作"呷泼"的房间，用以堆放杂物或圈养马匹，右边为卧室。左右两间多为二层，通过隔墙与堂屋分隔。在一些富裕家庭中会出现厢房而形成三合院的院落形式。厢房主要用于堆放柴草、粮食以及圈养牲畜。厢房均为单层。厢房内部与正房内部没有连通，多形成各自独立的三合院。有一些厢房山墙抵住正房与正房部分墙体重合，但内部仍不连通。

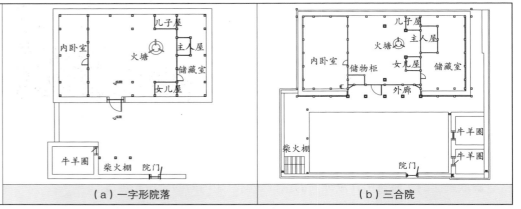

| （a）一字形院落 | （b）三合院 |

2）土掌房

按照土掌房平面特点，可分为三种类型：条形空间式土掌房、中心空间式土掌房和院落式土掌房。

（1）条形空间式土掌房

以一幢"一"字形的房子作为主要居住单元。一般是两层，一层中间为堂屋，靠墙有神台祭祀祖先供奉神灵，左边是牛圈，右边用木板墙分隔作为主人卧室；二层一般不分隔空间，用作储藏室，也会在一角支床作为卧室；如果有平台，一般在二层中间开门通向平台，平台与室内有几厘米的高差。

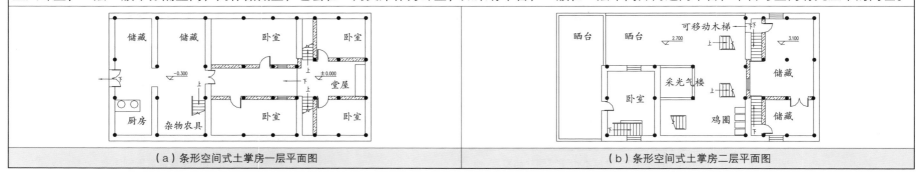

| （a）条形空间式土掌房一层平面图 | （b）条形空间式土掌房二层平面图 |

（2）中心空间式土掌房

平面以堂屋或天井为中心，其他功能房间围绕在四周。天井是居民的活动中心，也是各个房间之间的缓冲空间。正对天井的某一房间会设置神台，是整个家庭的精神中心。入口部位一般都没有缓冲空间，会在入口处做简单处理并设置一个过厅作为过渡空间。厨房一般在入口的过厅一侧，顶层一般为储藏室。

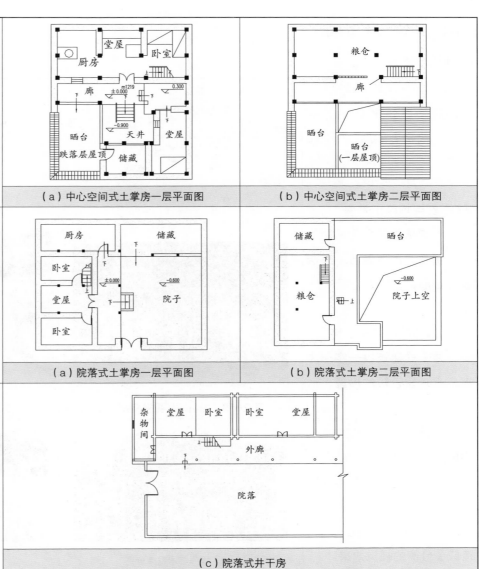

（a）中心空间式土掌房一层平面图　　　（b）中心空间式土掌房二层平面图

（3）院落式土掌房

一般有一个一坊的两层主房，房前有个四面围合的院子，院子一侧设置带门楼的入口，另外一侧设置半开敞的牲口房，在牲口房后边主房一侧设置一个带小天井的两层边房；一坊的两层主房和四面围合的院子是院落式土掌房的核心。主房为家庭居住空间，一层中间为堂屋，左右为卧室，一边设置楼梯通向二层。二层为储藏室储藏粮食。两层边房底层为厨房，二层为储藏室。院子是居民劳作生产、娱乐休息的地方。

（a）院落式土掌房一层平面图　　　（b）院落式土掌房二层平面图

3）井干房

滇西北彝族院落式民居多用木材建造，以楚雄大姚县昙华一带的井干板屋房最具代表性，被当地人称作垛木房。垛木房一般为单栋或者由不相连的两栋组成 L 形或 U 形院落。住房一般为一层带阁楼，或二层带檐廊。板屋平面为矩形。面阔限于木材的材料长度，最长可达 7m，进深一般为 3~5m，有的板屋因设置厨房而进深达到 6m。室内一般中间靠右设置火塘，经济条件稍好的家庭则另建厨房。室内一般无分隔，而是利用箱柜、床等家具区分出就寝区、储藏区等。

（c）院落式井干房

2.4.4 建筑形体与布局

1）建筑形体

（1）凉山地区搁架建筑

搁架建筑形体多为矩形，少数带有厢房，形成L形体。

（2）红河地区土掌房

土掌房建筑多为两层，上下错开，形成退台。底层多为L形，二层多为矩形。

（3）滇西地区井干式建筑

井干式建筑以一字形为主，或修建较短的出厦，形成L形体。

红河流域土掌房各个构成要素之间的特点就是分离，这种分离是指各构成要素之间有着结构关系但是在空间上并不紧密贴在一起，造成了分离的视觉效果。

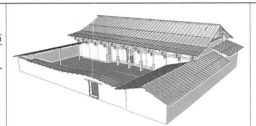  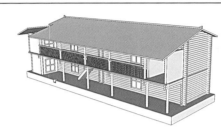

| 图2-53 凉山地区彝族搁架建筑 | 图2-54 红河地区彝族土掌房 | 图2-55 滇西地区彝族井干式建筑 |

| （a）墙体与木框架分离 | （b）墙体与屋顶分离 | （c）楼板与木框架分离 |

2）建筑布局

（1）凉山地区

凉山彝族的居住院落主要由正房、厢房、碉房、院墙几种元素组合而成，从而形成多种院落形式：一字形院落、带碉房的一字形院落、三合院。

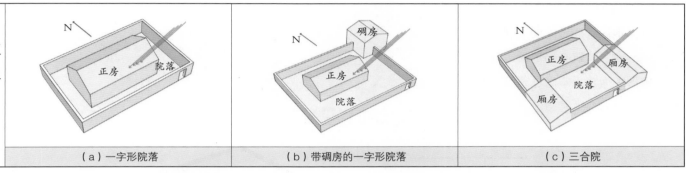

| （a）一字形院落 | （b）带碉房的一字形院落 | （c）三合院 |

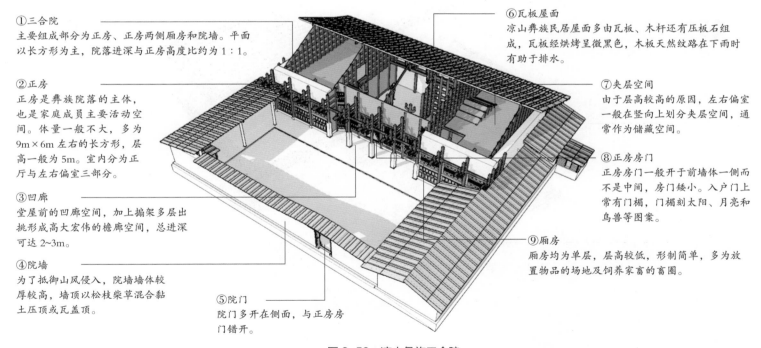

①三合院
主要组成部分为正房、正房两侧厢房和院墙。平面以长方形为主，院落进深与正房高度比约为1:1。

②正房
正房是彝族院落的主体，也是家庭成员主要活动空间。体量一般不大，多为9m×6m左右的长方形，层高一般为5m。室内分为正厅与左右偏室三部分。

③凹廊
堂屋前的凹廊空间，加上搏架多层出挑形成高大宏伟的檐廊空间，总进深可达2~3m。

④院墙
为了抵御山风侵入，院墙墙体较厚较高，墙顶以松枝柴草混合黏土压顶或瓦盖顶。

⑤院门
院门多开在侧面，与正房房门错开。

⑥瓦板屋面
凉山彝族民居屋面多由瓦板、木杆还有压板石组成，瓦板经烘烤呈微黑色，木板天然纹路在下雨时有助于排水。

⑦夹层空间
由于层高较高的原因，左右偏室一般在竖向上划分夹层空间，通常作为储藏空间。

⑧正房房门
正房房门一般开于前墙体一侧而不是中间，房门矮小。入户门上常有门楣，门楣刻太阳、月亮和鸟兽等图案。

⑨厢房
厢房均为单层，层高较低，形制简单，多为放置物品的场地及饲养家畜的畜圈。

图 2-56　凉山彝族三合院

（2）红河地区

红河地区彝族土掌房根据其功能及空间形式，建筑布局形式可分为三种：条形空间式土掌房、院落式土掌房和中心空间式土掌房。

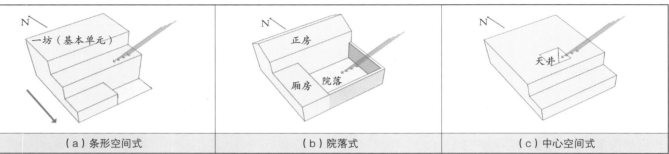

（a）条形空间式 | （b）院落式 | （c）中心空间式

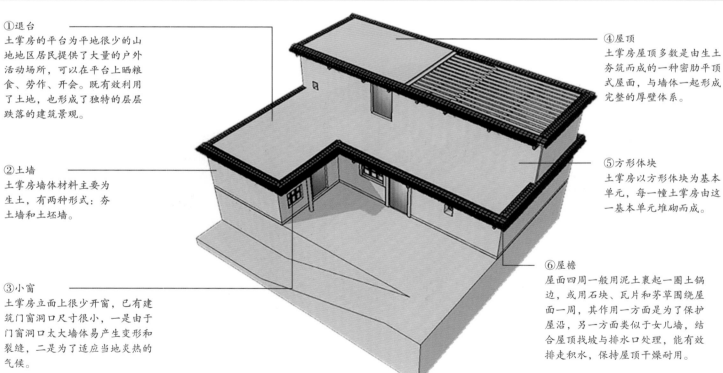

①退台
土掌房的平台为平地很少的山地地区居民提供了大量的户外活动场所，可以在平台上晒粮食、劳作、开会。既有效利用了土地，也形成了独特的层层跌落的建筑景观。

②土墙
土掌房墙体材料主要为生土，有两种形式：夯土墙和土坯墙。

③小窗
土掌房立面上很少开窗，已有建筑门窗洞口尺寸很小，一是由于门窗洞口太大墙体易产生变形和裂缝，二是为了适应当地炎热的气候。

④屋顶
土掌房屋顶多数是由生土夯筑而成的一种密肋平顶式屋面，与墙体一起形成完整的厚壁体系。

⑤方形体块
土掌房以方形体块为基本单元，每一幢土掌房由这一基本单元堆砌而成。

⑥屋檐
屋面四周一般用泥土裹起一圈土锅边，或用石块、瓦片和茅草围绕屋面一周，其作用一方面是为了保护屋沿，另一方面类似于女儿墙，结合屋顶找坡与排水口处理，能有效排走积水，保持屋顶干燥耐用。

图2-57 红河地区院落式土掌房

（3）滇西地区

滇西地区彝族井干式房屋的大部分建筑布局形式为两层一字形建筑，部分民居由于生活生产需要，修建辅助性厢房，形成 L 形建筑。

（a）一字形　　　　　　　（b）L 形

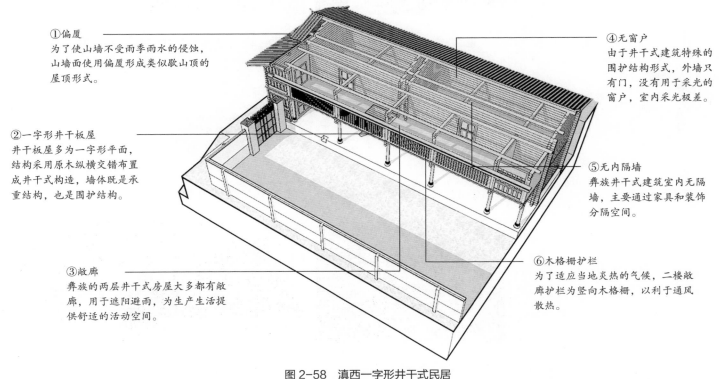

①偏厦
为了使山墙不受雨季雨水的侵蚀，山墙面使用偏厦形成类似歇山顶的屋顶形式。

②一字形井干板屋
井干板屋多为一字形平面，结构采用原木纵横交错布置成井干式构造，墙体既是承重结构，也是围护结构。

③敞廊
彝族的两层井干式房屋大多都有敞廊，用于遮阳避雨，为生产生活提供舒适的活动空间。

④无窗户
由于井干式建筑特殊的围护结构形式，外墙只有门，没有用于采光的窗户，室内采光极差。

⑤无内隔墙
彝族井干式建筑室内无隔墙，主要通过家具和装饰分隔空间。

⑥木格栅护栏
为了适应当地炎热的气候，二楼敞廊护栏为竖向木格栅，以利于通风散热。

图 2-58　滇西一字形井干式民居

2.4.5　建筑缓冲空间

1）院落

凉山彝族院落的院墙环绕正房，院落由正房划分为前后两院，前院较后院稍大，集中了较多的活动内容，如饲养家猪家禽。正房、厢房和院墙起到遮阳效果，错落的布局方式增强了通风效果。

滇西彝族庭院主要由正房和厢房围合而成，院墙较矮，与凉山彝族院落相比，更开敞，有利于夏季通风降温。

图 2-59　凉山彝族三合院

图 2-60　凉山彝族一字形院落

图 2-61　滇西彝族 L 形院落

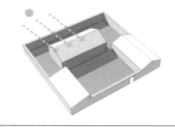

图 2-62　凉山彝族院落——遮阳

图 2-63　凉山彝族院落——通风

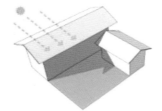

图 2-64　滇西彝族院落——遮阳

图 2-65　滇西彝族院落——通风

2）天井

彝族土掌房聚落所处地区属于炎热但相对干燥的气候区，夏季高温，冬季有时较为寒冷，因此，为降低体形系数，使建筑热损失更少，土掌房一般为方形。同时减少开窗，通过中间天井进行采光，另外，狭小较高的天井也起到了冬季保温蓄热、夏季通风散热的作用。

图 2-66　彝族天井式土掌房

图 2-67　彝族土掌房天井

图 2-68　彝族天井式土掌房模型

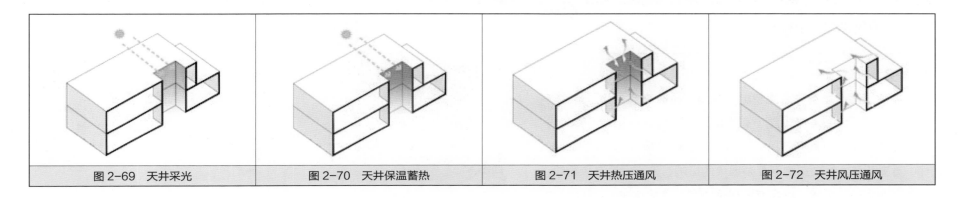

| 图 2-69　天井采光 | 图 2-70　天井保温蓄热 | 图 2-71　天井热压通风 | 图 2-72　天井风压通风 |

2.4.6　特色细部

1）屋顶造型

凉山彝族民居正房屋顶多为双斜面人字形，在空间上有高矮前后之分，体现"格""霏"的区别，自然形成滴水构造，防止雨水回流，兼具采光、通风排烟作用。

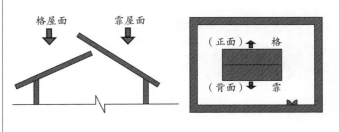

2）采光缝

凉山彝族民居采光口较少，为增加室内采光，面向主采光面的墙体一般不修建到抵住屋面下沿的高度，而是留出 50cm 左右的缝隙使光线进入室内。

3）建筑装饰

凉山彝族民居常用自然界的各种造型对建筑进行装饰，如牛角造型、竹节造型、太阳、月亮等象征自然界中的神灵的图案以示敬畏崇拜。

4）搁架结构

搁架的出挑数也代表了森严的等级制度。搁架中横枋数为单数，牛角拱出挑数也为单数，并且出挑数越多，代表主人地位越尊贵。

2.5 羌族

2.5.1 聚落选址与形态

1) 聚落选址

羌族聚落选址首先考虑耕地和牧场，同时充分顾及选址的安全性，形成了河谷、半山腰、高半山三种区域分布特点。聚落与村寨亦按三种地势展开。另外，由于羌族居住地域的特殊地理条件、历史背景、社会结构等复杂因素的影响，无论山地有多险峻，只要存在生存的可能，就会有人居住或有聚落的存在。

图 2-73　河西寨、曲谷寨聚落平面　　图 2-74　河西寨、曲谷寨聚落剖面

2) 聚落形态

羌族聚落的分布形态较为丰富多变，同时聚落内有寨门、广场、过街楼等各种空间元素。

较为常见的形态有两种，其一是分散型，如黑虎寨、河西寨，其聚落常有几个分寨遥相呼应；其二是密集型，建筑围绕主街布局，如纳普寨、桃坪羌寨，其聚落内建筑紧密相连，呈现很强的整体性。

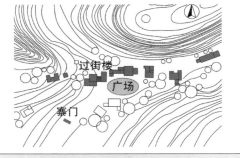

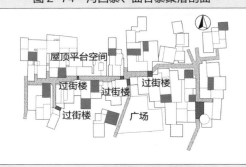

图 2-75　黑虎寨聚落总平面　　　　　图 2-76　纳普寨聚落总平面

3) 聚落周边环境利用

地势后高前低，背山面水。"背山"阻挡了冬季风；"面水"迎接夏季湿润凉风；围拢环抱的山谷有防风、防洪的作用；聚落布局的疏密组织可有效调节内部风环境，形成良好的微气候。

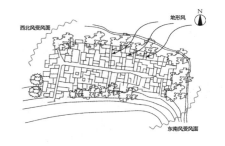

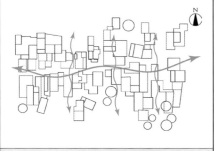

图 2-77　聚落布局顺应山势　　图 2-78　聚落布局疏密结合引导风向　　图 2-79　弯曲狭窄街道阻滞寒风

4）建筑适应地形

各层功能空间与地形契合，层层退台收分，使得碉房与碉房之间相互连接、屋顶连成一片，战争时期便于沟通和运送粮食。

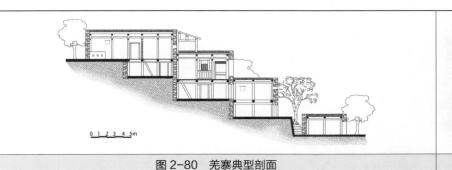

0 1 2 3 4 5m

图 2-80　羌寨典型剖面

图 2-81　桃坪羌寨建筑鸟瞰

2.5.2　外部公共空间

羌族村寨广布于高山、河谷地形中，防御文化深刻地影响着它的外部空间。

紧密连接的碉楼通过屋顶平台连接，在战时能够连通各家各户，防御性极强，同时也便于运送物资。

由于最初修建碉楼出于纯军事目的，聚落外部广场空间较少，面积较小，一般用作祭祀。

过街楼是顺应地形而建在碉楼下部以便于交通而形成的空间，也可用作休憩。

此外，羌寨入口设置寨门，以表现聚落的领域性，一般由石材或木材建成，体量较大。

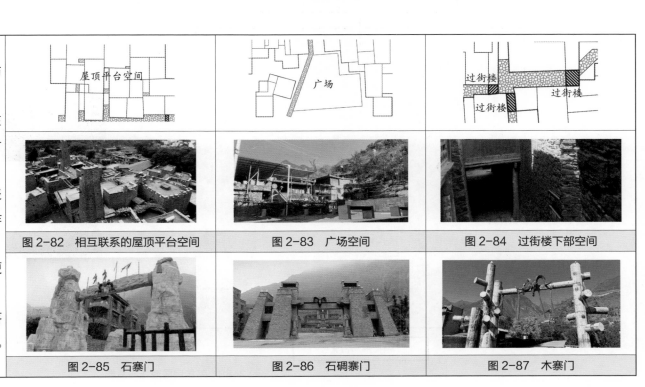

图 2-82　相互联系的屋顶平台空间	图 2-83　广场空间	图 2-84　过街楼下部空间
图 2-85　石寨门	图 2-86　石碉寨门	图 2-87　木寨门

2.5.3 本土建筑演变及发展

起源时期：早期古羌人以"射猎"为生，过着逐水草而居的游牧生活，具有流动性的帐幕式民居大为流行；春秋时期，羌人学习中原王朝农耕文化，从流动生活向定居生活过渡，出现窑洞式民居。

融合时期：汉代初期古羌人为躲避战火，迁至岷江上游，就地取材，筑"邛笼"（碉楼前身）防御外敌。北宋时西北古羌人南迁，定居山林茂盛的低洼平地，防虫防潮的需求促进了干栏式民居的出现。

成熟时期：近现代以后，经济技术的发展促进建筑建造技术发展，以石材为主的碉房建筑层数增多，形式更丰富，碉楼简化为碉房。

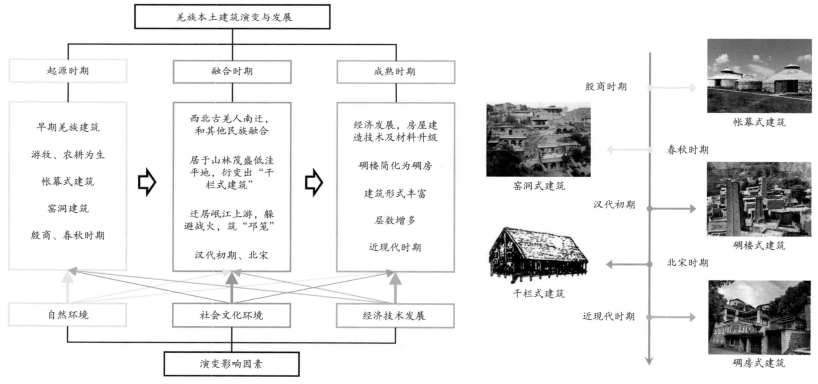

图 2-88 羌族民居演变与发展

2.5.4　建筑平面形制

1）碉楼民居

　　碉楼民居指住宅部分与碉楼有直接空间关系的民居。这种民居平面形制为多个矩形组合而成，排布较为随意，但是会围绕碉楼呈现较强的向心性。

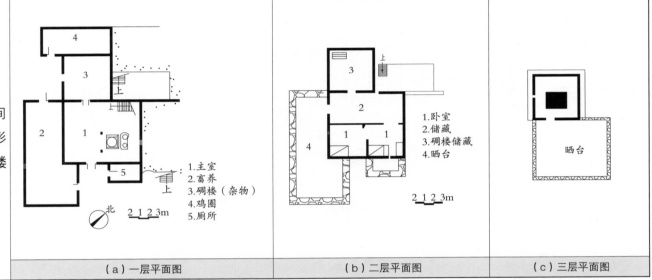

（a）一层平面图　　　（b）二层平面图　　　（c）三层平面图

1.主室
2.畜养
3.碉楼（杂物）
4.鸡圈
5.厕所

1.卧室
2.储藏
3.碉楼储藏
4.晒台

图2-89　黑虎羌寨王乙宅平面

2）邛笼

　　层数在二～五层之间，且多数为三层的无碉楼羌族石砌民居，平面也由矩形组合而成，但是往往比碉楼民居更规整一些。

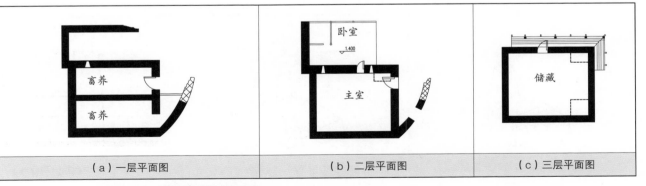

（a）一层平面图　　　（b）二层平面图　　　（c）三层平面图

图2-90　桃坪羌寨杨甲宅平面

3）坡顶板屋

部分羌族民居为坡顶板屋，其石砌墙的立面上，全部或局部由双坡或单坡屋面覆盖。其平面形状往往呈现长方形，局部有凸出或内凹。

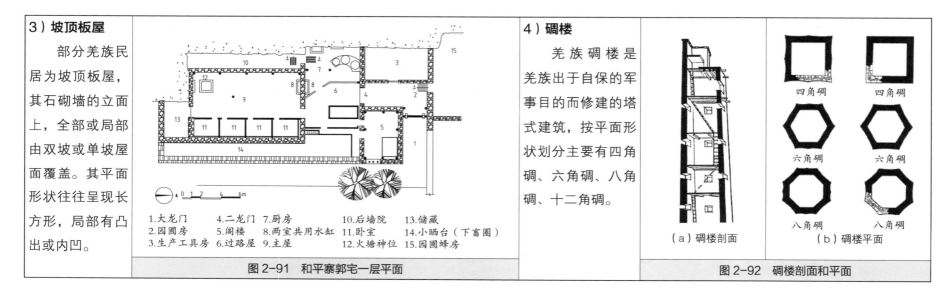

1.大龙门　　4.二龙门　　7.厨房　　　　10.后墙院　　13.储藏
2.圆圈房　　5.阁楼　　　8.两室共用水缸　11.卧室　　　14.小晒台（下畜圈）
3.生产工具房　6.过路屋　　9.主屋　　　　12.火塘神位　　15.圆圈蜂房

图 2-91　和平寨郭宅一层平面

4）碉楼

羌族碉楼是羌族出于自保的军事目的而修建的塔式建筑，按平面形状划分主要有四角碉、六角碉、八角碉、十二角碉。

四角碉　　四角碉
六角碉　　六角碉
八角碉　　八角碉

（a）碉楼剖面　　（b）碉楼平面

图 2-92　碉楼剖面和平面

2.5.5　建筑形体与布局

1）建筑形体

羌族建筑体量组合方式多样，总结起来就是结合地形，多方形体量组合，形成退台，且单个方形体量收分。

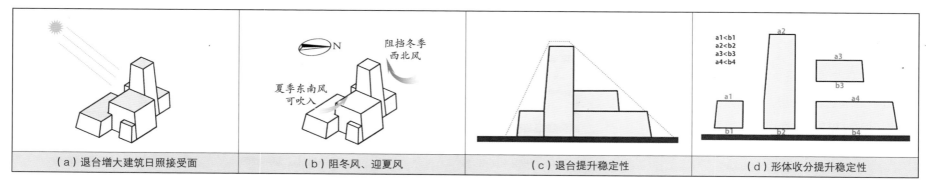

（a）退台增大建筑日照接受面　　（b）阻冬风、迎夏风　　（c）退台提升稳定性　　（d）形体收分提升稳定性

图 2-93　退台与收分

| 图 2-94 典型碉楼民居 | 图 2-95 黑虎寨碉楼民居 | 图 2-96 黑虎寨碉楼民居 |

2）建筑布局

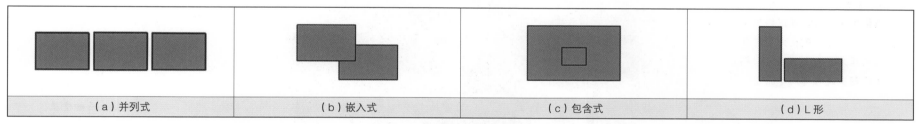

| （a）并列式 | （b）嵌入式 | （c）包含式 | （d）L 形 |

图 2-97 建筑平面组合形式

功能布局随形体变化，因此较为随意，但一般都设有主室、卧室、储藏间。

1. 碉楼民居中，碉楼一般紧邻主室，各功能空间围绕二者展开。典型民居的一层核心空间为主室、畜养间、杂物等功能空间，二层为卧室，二、三层的屋面皆为晒台。

2. 邛笼民居中，二层主室是家庭的主要活动空间，底层为牲畜圈，三层则主要用于储藏。

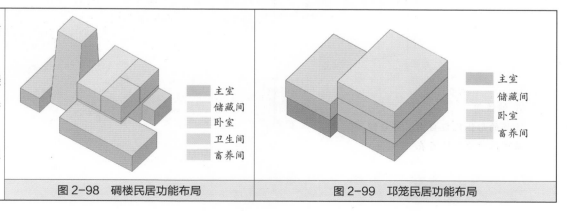

图 2-98 碉楼民居功能布局

图 2-99 邛笼民居功能布局

① 基本宅形
羌族碉楼民居多为几个方体结合的退台形体，其形体以及墙体本身往往都是有收分的，在为居民提供了额外的户外活动场所的同时还可以提升形体稳定性。

② 碉楼
碉楼民居的形体常围绕碉楼布置，高耸的碉楼内部有爬梯可作为竖向交通设施，碉楼顶部在战时可用于放哨。

③ 储藏间
民居的形体比较自由，部分储藏间以独立形体存在。

④ 屋顶晒台
得益于形体的丰富，民居有多个屋顶平台，一般被用于晾晒谷物，被称作晒台。

⑤ 卧室
卧室一般在二层，由木板墙隔出多个卧室空间。

⑥ 主室
民居的主室类似于其他民居的堂屋，一般在民居的一层或者二层的中心位置，内设火塘用于取暖。

⑦ 牲畜间
民居的一层往往有牲畜间，用于畜养牛羊。

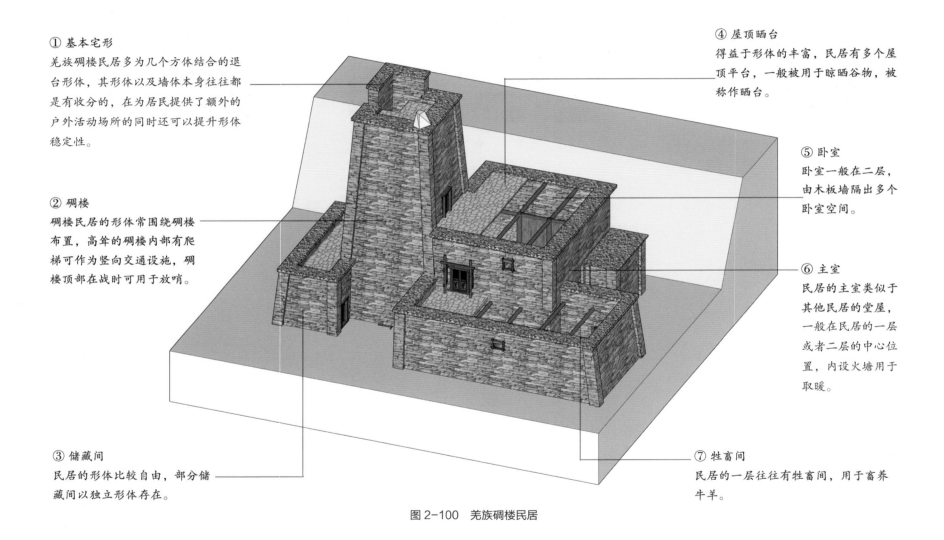

图 2-100　羌族碉楼民居

2.5.6　特色细部

1）白石

　　从雪山顶上采来白石，供于屋顶之上，这是羌族建筑的典型标志。白石神是羌人信奉的天神。白石体量小，颜色鲜明突出，能够展现屋顶起伏变化的曲线特征。

图 2-101　白石

2）勒色

　　勒色是石砌立方体或圆锥体，分为内外两部分。内部埋藏有土陶、铁、铜等，象征着万物。外部分上、中、下三层结构。勒色有四种放置位置：多寨联盟的高山神林中，一个寨子的神林中，家庭房屋顶端，碉楼顶端。

图 2-102　勒色

3）石敢当

　　在街道的路口或民宅宅基的墙根，常有一小石碑，其上刻"泰山石敢当"。石敢当在整个建筑立面中，往往成为构图的中心。

图 2-103　石敢当

4）牛羊图腾

　　对牛羊的依赖是羌族的立族之本，也是家族中财富的表现，这种表现逐渐转化为建筑外墙上各种形式的牛羊图腾。

图 2-104　牛羊图腾

5）窗框装饰

　　羌族建筑吸收了汉文化的元素，形成属于自己的样式。其窗框区别于汉式木窗，使用加工过的木条且边角对齐，使用圆木或半圆木，在边角处出头，显得粗犷张扬。

图 2-105　窗框

6）镂空栏杆

　　羌族栏杆的镂空花纹充满特色，除了学习汉族民居的方正网格拼花，亦有表达其独特世界观的玄妙曲线花纹，表现出一种神秘的美感。

图 2-106　镂空栏杆

2.6 布依族

2.6.1 聚落选址与形态

1）聚落选址

出于生活习惯和农业生产的需要，布依族聚落选址于靠山近水的地方，既便于开采和收集山体上的岩石进行房屋建造，又可将山间较为平坦的土地作为农田。贵州的大部分地区常年多雨，而夏天雨季之时更容易发生洪涝灾害，因此"近水不傍水"是为了在便于取水和免受水灾之间找到平衡。

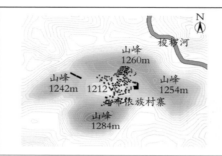

图 2-107 高荡村区位图

图 2-108 高荡村鸟瞰

2）聚落形态

布依族聚落的布局往往自由形成，随山就势，与整个地形环境融为一体。聚落对朝向也没有特别的选择，一般以适应地形为首要前提，以坐北朝南为最佳朝向，但其他朝向也可接受。

图 2-109 高荡村聚落平面图

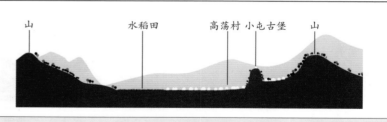

图 2-110 高荡村聚落剖面图

3）聚落适应地形与环境

布依族聚落常位于洼地或盆地内，通过多层台地适应不同的山坡地形。布置在北侧山脚或山腰处，可获得充足的日照；背靠北侧高山，可阻挡冬季寒风。聚落内种植较多植物，有助于夏季降温，调节气候。

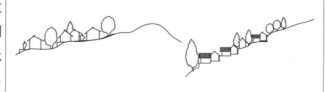

图 2-111 聚落适应地形

图 2-112 聚落适应环境

4）聚落防御体系

为了应对频繁战乱，布依族聚落发展出了较为成熟的防御体系。例如，贵州安顺高荡村聚落具有典型的"点、线、面"结合的防御体系。借助高山形成的天然屏障，从聚落建筑的整体布局出发，通过少量的额外设防，将防御点（小屯营盘）、防御线（围墙）有机结合起来，形成了多个面状的防御组团，共同发挥防御作用。

 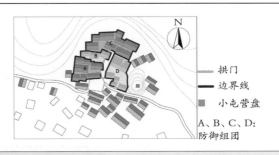

图 2-113　高荡村聚落布局的"点线面"防御体系

2.6.2　外部公共空间

布依族聚落拥有丰富的外部空间。中心广场用于举行传统节日的庆祝活动；大小屯营盘点用于战时的哨岗与躲避；井台为全村取水处；村寨靠近河流处常建有特色石桥供人通行；一些村寨也有石屯墙与石寨门，极具特色。

图 2-114　高荡村卫星图　　　　　图 2-115　镇山村卫星图

| （a）高荡村大小屯营盘 | （b）高荡村梭椤河石桥 | （c）高荡村井台 | （d）高荡村公共广场 | （e）镇山村石寨门 | （f）镇山村石屯墙 |

图 2-116　聚落外部公共空间

2.6.3 本土建筑演变及发展

起源时期：布依族建筑起源于石器时期，早期布依族人民因地制宜建造房屋——黔中地区石材丰富，以石材筑屋；黔西南森林木材丰富，以木材筑干栏式民居。

融合时期：秦、汉时期，汉族进入黔南地区，带来汉族建筑技术和形式，将木材与石材结合，建木墙石板房。明清时期融合汉式院落文化，造屯堡式民居。

成熟时期：近现代时期，与其他文化的深度融合，建造技术进一步发展，建筑形式丰富化，现代门窗立面多样化。

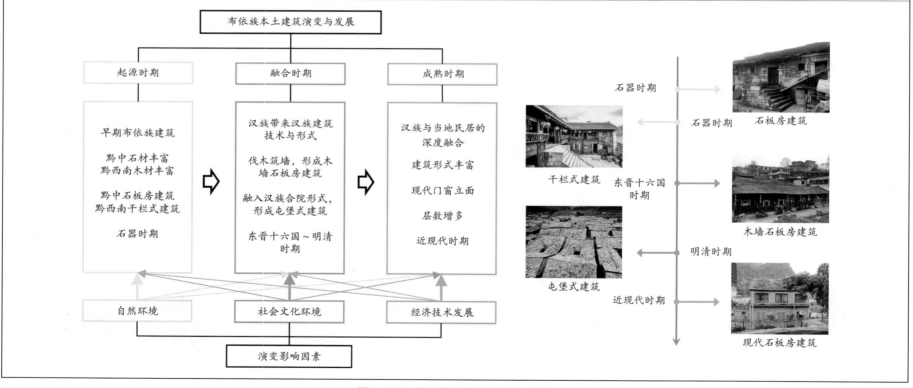

图 2-117　布依族本土建筑演变与发展

2.6.4 建筑平面形制

民居类型	方形厚石墙石板房	长方形木板墙石板房	"回"字形屯堡民居
平面实例	（a）高荡村民居一层平面	（b）镇山村民居一、二层平面	（c）石头寨民居一层平面
特点	较为原始的石板房平面形式接近方形，三开间两进深，左右对称。大部分的石板房内部为木构，所有外墙皆为厚重石墙，少部分石板房的正面外墙为镶石板或者木板。	木板墙石板房的平面接近长方形，以汉民居一正两厢平面为基础，结合坡地地形，发展出几室相连的长屋。	汉人定居创造的民居形式，拥有石板房的石材外墙与屋面，常有厢房和院落，呈现"回"字形。

2.6.5 建筑形体与布局

1）建筑形体

布依族石墙石板房和木墙石板房都为硬山式建筑，石墙石板房一般有地下室且面宽较窄，形体接近方形，而木墙石板房无地下室且面宽较宽，所以形体更长。

图 2-118 石墙石板房　　图 2-119 高荡村典型石板房　　图 2-120 木墙石板房　　图 2-121 镇山村典型石板房

2）建筑布局

石板房内部空间为三层三开间，从中间层堂屋的入口进入，左右对称，分别有卧室、火塘、厨房，负一层为牲畜间，阁楼常用于储藏。

木墙石板房一般无地下室，包含阁楼共两层，以间为单位，中间为堂屋，两侧为卧室等生活空间，生活空间布局与石板房类似。有的会修建厢房，再加上廊道、楼梯、吞口及一些灰空间形成丰富的民居平面构成要素。

堂屋
卧室
火塘
厨房
牲畜间
阁楼

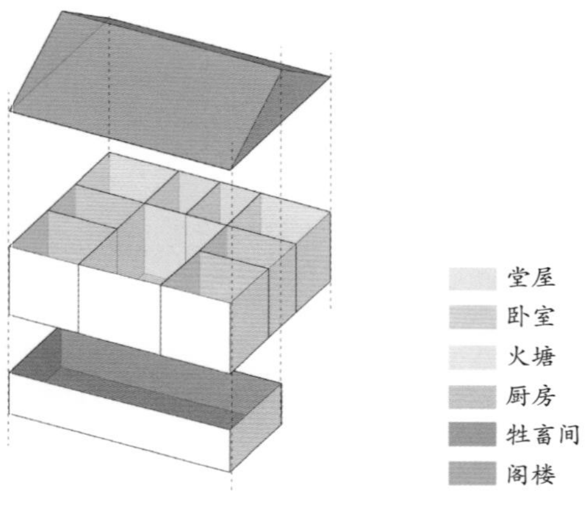

图 2-122　石板房建筑布局

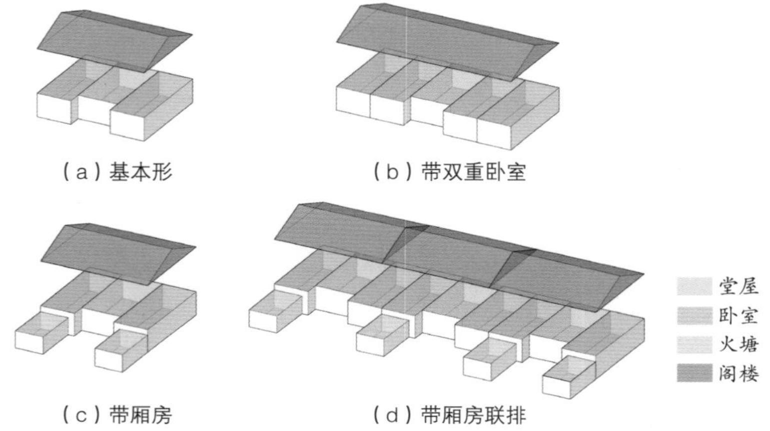

（a）基本形
（b）带双重卧室
（c）带厢房
（d）带厢房联排
堂屋
卧室
火塘
阁楼

图 2-123　木墙石板房建筑布局

屯堡民居是从石板房发展而来的，其布局继承了石板房的基本模式，又兼顾汉族民居的封闭院落的形式。堂屋居于中部，左右不对称，一般卧室位于一侧，火塘、厨房位于另一侧，堂屋后有楼梯间。此外，有一个或多个厢房作为辅助用房。

（a）单厢房型
（b）双厢房型
（c）“回”字合院型
堂屋
卧室
火塘
厨房
楼梯间
辅助用房
阁楼

图 2-124　屯堡民居建筑布局

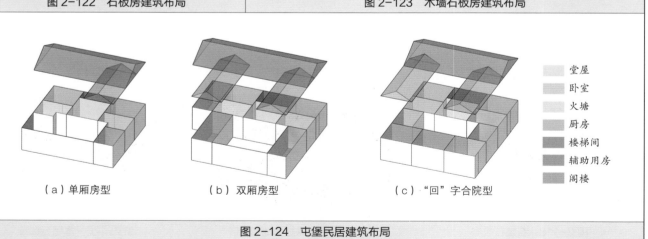

①基本宅形

典型布依族民居形体接近方形，三层三开间，民居在坡地上时一层一般只有一半进深，民居主要由厚重石块作为围护结构。

⑤阁楼

阁楼主要用于储物，部分阁楼里会摆放床、桌椅等家具，作为卧室使用。

②堂屋

民居一层中间为堂屋，堂屋设有神榜，用于供奉祖先，堂屋同时也是家庭内的公共空间，人们在此进行各种日常活动。

③生活空间

民居两侧为卧室、火塘间等生活空间。

④入口平台

正门由二层进入，故设置石砌入口平台，并有侧向台阶供人上下。

⑥正面石材

正面为石材墙体，石墙砌筑方式并不是单一的，上半部分往往为小片石材干砌，越往下石材越大。

⑦半地下层

为迎合山地地形，其首层往往为半地下层，用于畜养牲畜。

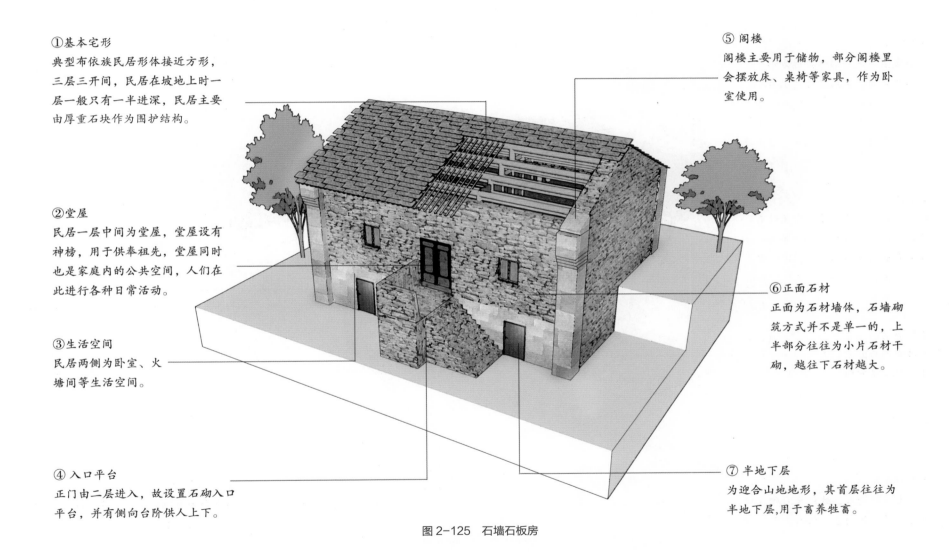

图 2-125　石墙石板房

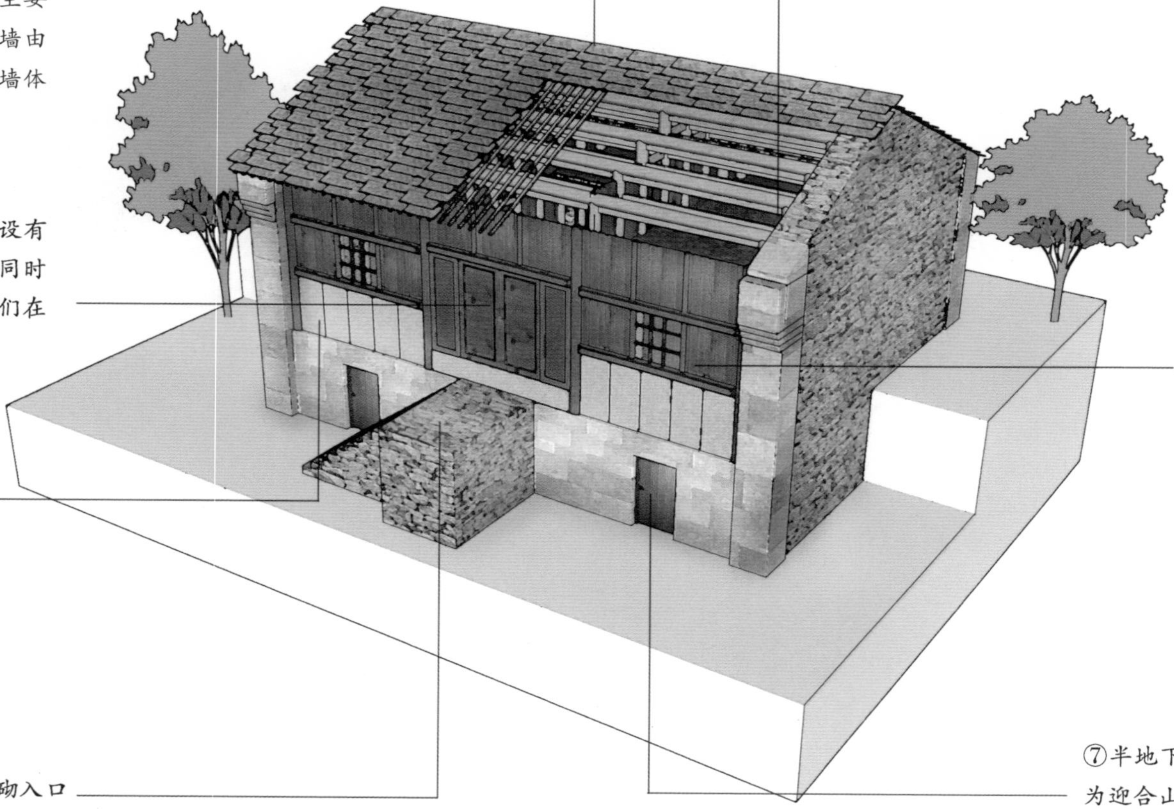

①基本宅形
典型布依族民居形体接近方形，三层三开间，民居在坡地上时一层一般只有一半进深，民居主要支撑体系为木构，山墙与后墙由石材作为围护结构，正立面墙体为镶板。

②堂屋
民居一层中间为堂屋，堂屋设有神榜，用于供奉祖先，堂屋同时也是家庭内的公共空间，人们在此进行各种日常活动。

③生活空间
民居两侧为卧室、火塘间等生活空间。

④入口平台
正门由二层进入，故设置石砌入口平台，并有侧向台阶供人上下。

⑤阁楼
阁楼主要用于储物，部分阁楼里会摆放床、桌椅等家具，作为卧室使用。

⑥正面镶板
正面镶嵌木板或石板，可阻挡寒风。

⑦半地下层
为迎合山地地形，其首层往往为半地下层，用于畜养牲畜。

图 2-126　正面镶板房

① 基本宅形
汉族影响下的典型布依族民居形体
为 "一" 字形，一般有多间相连。
其外墙为木材，屋顶为石板瓦，常
带有院落，被称为石板屋，即木墙
石板房。

④ 阁楼
阁楼主要用于储物，部分阁楼里
会摆放床、桌椅等家具，作为卧
室使用。

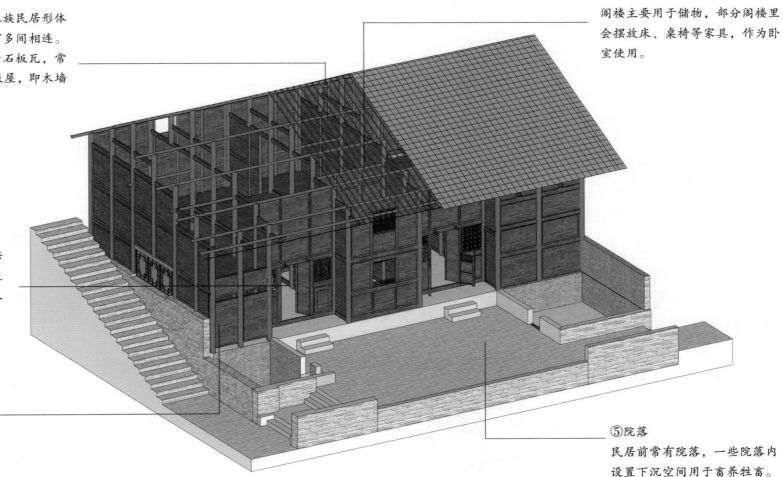

② 堂屋
民居一层中间为堂屋，
堂屋设有神榜，用于供
奉祖先，堂屋同时也是
家庭内的公共空间，人
们在此进行各种日常
活动。

③ 生活空间
民居两侧为卧室、火
塘间等生活空间。

⑤ 院落
民居前常有院落，一些院落内
设置下沉空间用于畜养牲畜。

图 2-127　木墙石板房

2.6.6 建筑缓冲空间

卧室与火塘间相邻，利用火塘采暖；建筑阁楼作为缓冲空间延缓室外温度的影响；建筑半地下室作为缓冲空间帮助室内防潮。

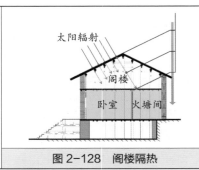

图 2-128 阁楼隔热

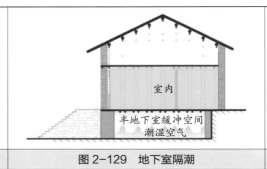

图 2-129 地下室隔潮

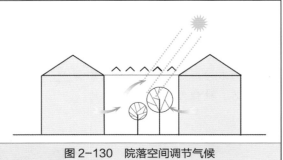

图 2-130 院落空间调节气候

2.6.7 特色细部

1）火塘、山墙、照壁

火塘用于取暖，布依族人在此进行各种大小事务；建筑山墙上部往前突出，称为龙口山墙；入口平台边缘常有石材矮墙用于防御和挡风，称为照壁。

图 2-131 火塘

图 2-132 龙口山墙

图 2-133 照壁

2）石柱础、拴马石、取水台

布依族百姓充分发掘岩石的坚固、可塑特性，将岩石的使用扩展到雕刻、装饰和生活各种实用器具上，例如石柱础、拴马石、取水台。

图 2-134 石柱础

图 2-135 拴马石

图 2-136 取水台

3）屋脊处理

屋脊处的防雨处理有三种方式："入"字形交接、石板平盖和青瓦压盖。页岩铺设屋面可以利用石片的硬度来抵御夏季雷暴天气时的冰雹灾害。

图 2-137　"入"字形交接

图 2-138　青瓦压盖

图 2-139　石板平盖

4）外墙洞口

为了在保证安全和防御的基础上满足通风、采光的功能要求，布依族石板房的外墙上常开有形态各异的窗洞、排气孔和枪眼，从基本的长方形、三角形、圆形、拱形，演化出一系列复合的形状，这些充满地域民族特色的洞口形式，传达出警示、防御、内敛的信息，是布依族石建筑文化中不可或缺的符号性元素。

图 2-140　窗洞

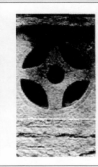

图 2-141　排气口

图 2-142　射击孔

2.7 白族

2.7.1 聚落选址与形态

1）适应地形

　　大理地形复杂，分布在山地的聚落依山势等高线布置，形态复杂。平地坝区因地势平坦，聚落分布密集规则，位于洱海周边的滨水聚落则沿海岸线分布。

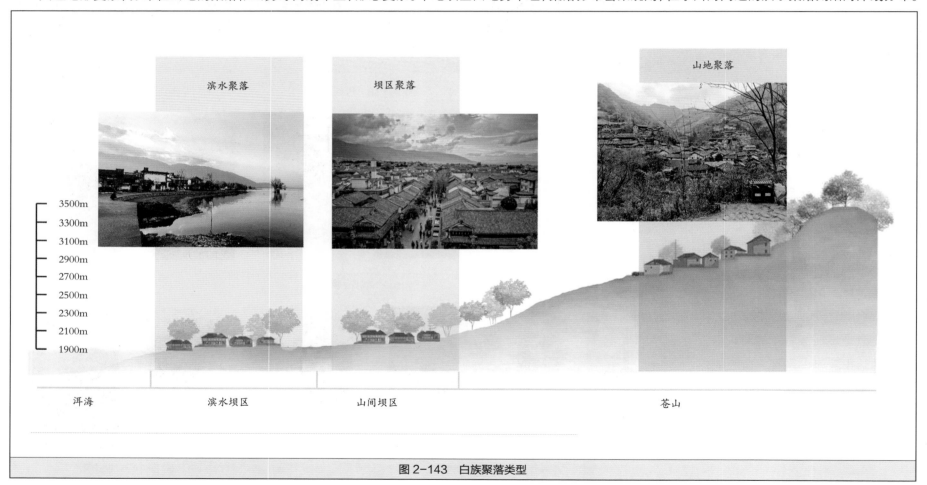

图2-143　白族聚落类型

2）聚落特征

白族聚落主要分布在云南大理的苍山脚下、洱海周边的缓坡和平坝地区。聚落布局具有以下特点：①房屋密集，洱海和苍山之间的平缓地区聚落房屋布局紧密；②多依水傍山，白族聚落背靠苍山面向洱海，这种布局适应地形和当地气候；③以寺庙和戏台组成的广场为中心，大多白族村落中央都有广场，广场搭建戏台供村民使用。

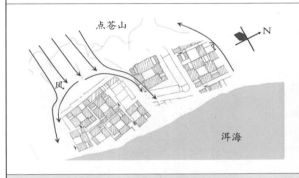

图 2-144　聚落背山面水

图 2-145　密集排布的房屋

图 2-146　双廊古镇中心有戏台

3）微环境利用

白族民居选址多背山面阳，建筑布局紧凑。聚落布局垂直于主导风向。临水而居，利用洱海调节建筑微气候，同时在中庭种植绿植营造适宜的庭院环境。

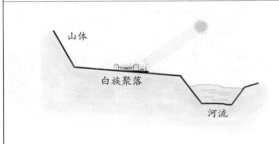

图 2-147　背山面阳

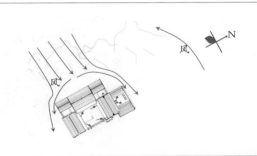

图 2-148　建筑防风

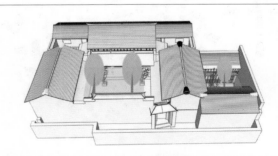

图 2-149　中庭微环境

2.7.2 外部公共空间

寨门：沙溪古镇村落入口有寨门，穿过寨门进入村落中。

戏台空间：洱海地区传统村落、城镇的社会生活中，戏台节点空间担当了普遍而重要的角色。

广场：喜洲村由于聚落中间有一定面积广场，道路由中心广场向四面八方延伸，房屋沿着主要街巷布置。

兴教寺：沙溪古镇的主要建筑之一，是本地宗教活动的中心。

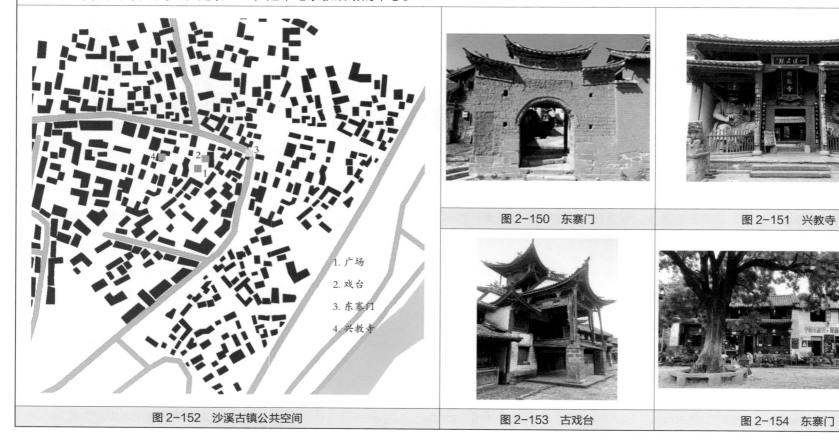

1. 广场
2. 戏台
3. 东寨门
4. 兴教寺

图 2-152　沙溪古镇公共空间

图 2-150　东寨门

图 2-151　兴教寺

图 2-153　古戏台

图 2-154　东寨门

2.7.3　本土建筑的演变及发展

起源时期：早期从新石器时期到青铜时期，从半穴居的木胎泥墙建筑到干栏式建筑，大理洱海地区形成了早期的本土建筑文化。

融合时期：两汉至唐宋时期随着中原的汉文化向洱海地区涌来，一些早期的带有明显汉式标志的合院开始形成，只不过这些早期的合院大多可能是白族本土建筑"土库房"与中原合院民居相互结合的产物，与汉族合院民居还存在明显差异。

成熟时期：随着汉文化的不断影响，大理的合院式建筑也在不断发展成熟，到了元明清时期，形成了以坊为单位的"三坊一照壁""四合五天井""六合同春"等成熟的合院形制。后来西方文化传入，合院式建筑便最先引入自身——部分合院民居开始使用尖券、圆拱券、柱式、简化符号等西方复古主义建筑元素来装饰自家的门楼。

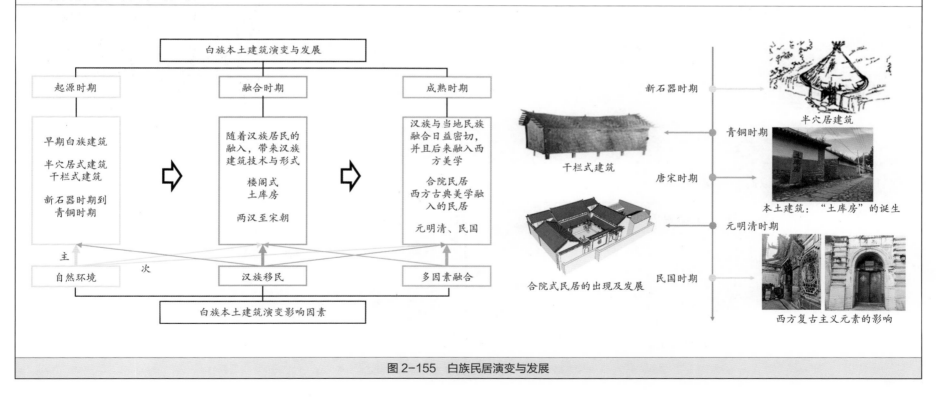

图 2-155　白族民居演变与发展

2.7.4 建筑平面形制

　　白族住屋形式，坝区多为"长三间"，辅以厨房、畜厩和有场院的茅草房，或"一正两耳""三坊一照壁""四合五天井"的瓦房，卧室、厨房、畜厩各自分开。山区多为上楼下厩的草房、"闪片"房、篾笆房或"木垛房"，炊爨和睡觉的地方常连在一起。"三坊一照壁""四合五天井"这些白族民居的基本平面模式融合了汉族合院文化，蕴含着尊卑有序的礼制教化思想于其中。坐落于轴线上的正坊，是建筑群的主体，无论空间尺度、装饰装修都为全院之冠。正坊三间房也分主次：底层明间布置案台几凳，挂书画匾联，是会客议事的主厅；二楼明间有雕镂精美的神龛香案，祭供列代祖宗牌位，是神灵享用的空间；底层两次间住长辈；二层两次间作贮藏之用。晚辈按辈分排序分住于两厢房及耳房之中。

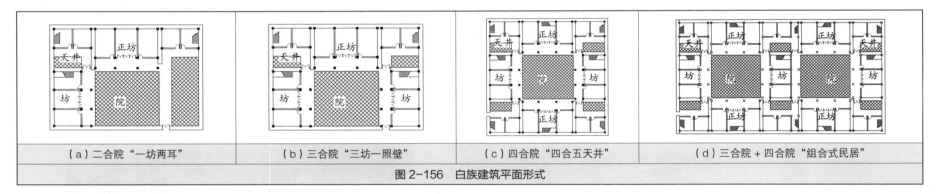

| （a）二合院"一坊两耳" | （b）三合院"三坊一照壁" | （c）四合院"四合五天井" | （d）三合院+四合院"组合式民居" |

图 2-156　白族建筑平面形式

白族民居平面形式可以简化为以下基本模式：

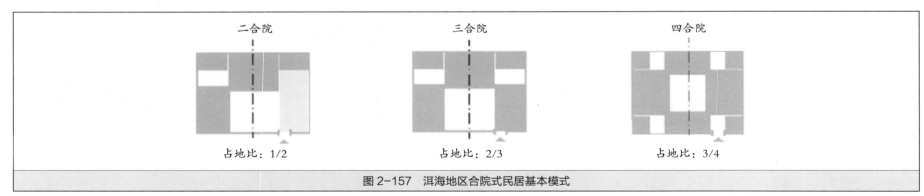

图 2-157　洱海地区合院式民居基本模式

2.7.5　建筑形体与布局

以"坊"为单元进行组合的合院民居在白族民居中是最为常见、最为普及的居住空间模式。所谓"坊"是高两层或一层，面阔三开间的一栋建筑，坊既可作为正房也可作为厢房，通常作为正房的一坊建筑还会在其两侧山面增加耳房。以院落将各坊建筑进行联系组合，便构成了合院式民居。

坊的组合方式包括"三坊一照壁""四合五天井"等常见模式。对居住空间有较大需求时还可以此模式为单元进行院落组合，从而形成更庞大的建筑群。

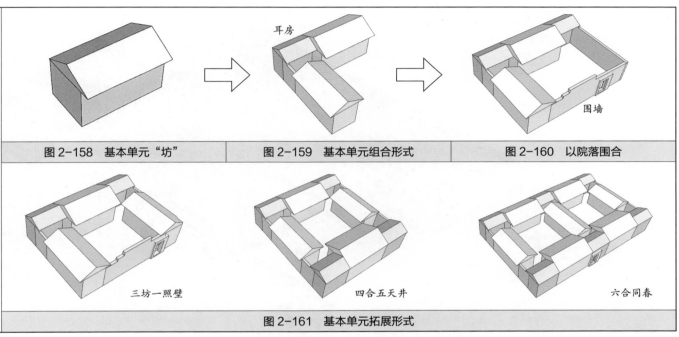

图 2-158　基本单元"坊"　　图 2-159　基本单元组合形式　　图 2-160　以院落围合

三坊一照壁　　四合五天井　　六合同春

图 2-161　基本单元拓展形式

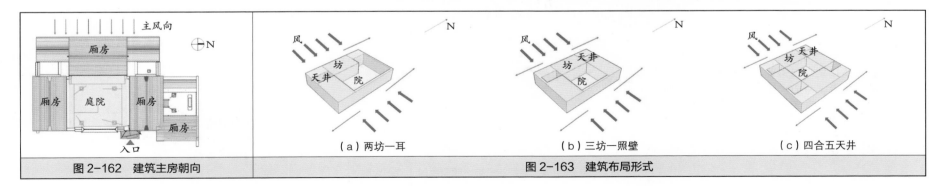

图 2-162　建筑主房朝向

（a）两坊一耳　　（b）三坊一照壁　　（c）四合五天井

图 2-163　建筑布局形式

①正房

白族民居的正房习惯朝东，正对正房的视线上，有比房屋稍矮一点的照壁，院内房间因此有开阔的天空视野，早晨也可以看到东升的太阳。

③庭院

庭院位于白族建筑中间位置，由坊和照壁围合而成，庭院作为白族建筑重要的空间不仅提供了休闲娱乐空间，也为营造室内良好的环境起到了关键的作用。

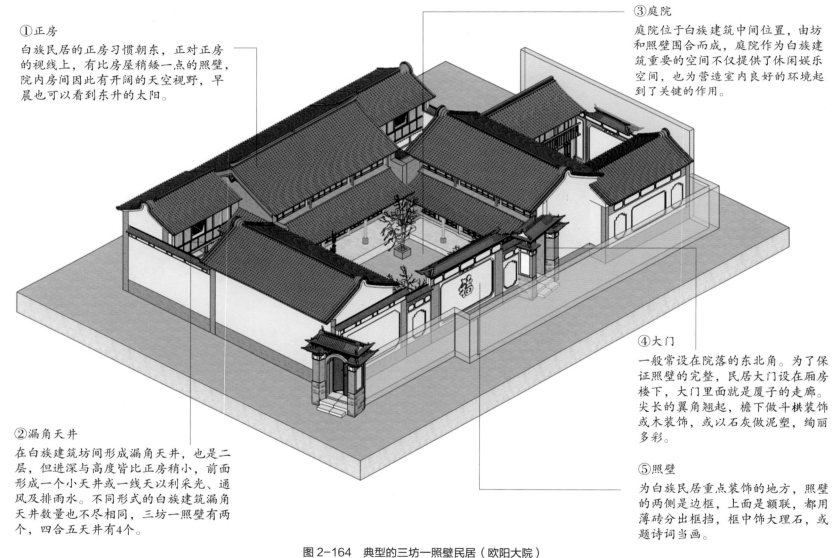

②漏角天井

在白族建筑坊间形成漏角天井，也是二层，但进深与高度皆比正房稍小，前面形成一个小天井或一线天以利采光、通风及排雨水。不同形式的白族建筑漏角天井数量也不尽相同，三坊一照壁有两个，四合五天井有4个。

④大门

一般常设在院落的东北角。为了保证照壁的完整，民居大门设在厢房楼下，大门里面就是厦子的走廊。尖长的翼角翘起，檐下做斗栱装饰或木装饰，或以石灰做泥塑，绚丽多彩。

⑤照壁

为白族民居重点装饰的地方，照壁的两侧是边框，上面是额联，都用薄砖分出框挡，框中饰大理石，或题诗词当画。

图 2-164　典型的三坊一照壁民居（欧阳大院）

2.7.6 建筑缓冲空间

1）檐廊空间

白族民居屋顶挑出建筑墙体，在庭院中形成檐廊，檐廊空间对白族建筑至关重要，不仅可以组织庭院中的风进入室内，还可以在夏季遮挡太阳辐射，在下雨时阻止雨水进入室内。

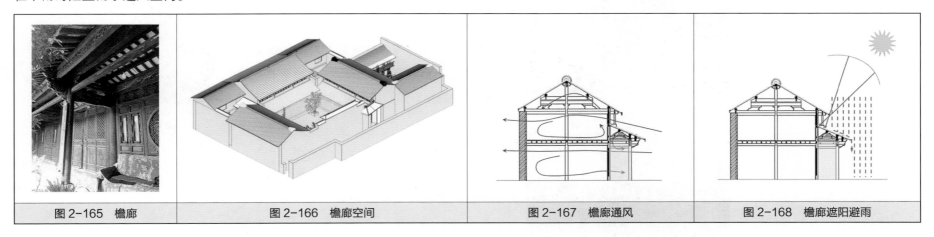

| 图 2-165 檐廊 | 图 2-166 檐廊空间 | 图 2-167 檐廊通风 | 图 2-168 檐廊遮阳避雨 |

2）天井空间

白族民居在坊和照壁围墙间形成天井，天井可作为缓冲空间改善建筑的风环境。

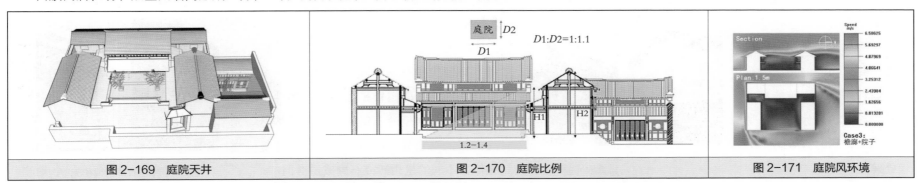

| 图 2-169 庭院天井 | 图 2-170 庭院比例 | 图 2-171 庭院风环境 |

2.7.7 特色细部

1）建筑装饰

（1）白色铺装

白族人尚白，爱干净，庭院天井满铺条石、卵石或方砖，院中花草均以盆栽，清爽整洁。

图 2-172 白族庭院铺装

（2）山墙装饰

在白族民居中，山墙部位一般用黑、白两色颜料绘成各种各样寓意吉祥的图案或象征性符号，充分表达白族人民祈福求吉、镇宅辟邪、装饰家园的美好意愿。

图 2-173 山墙装饰

2）防风檐口

瓦屋顶建筑的檐口最重要的作用是可以防风，又称为"防风檐口"，特殊的做法会防止山墙悬出的部分瓦片被风吹落。

图 2-174 防风檐口

3）内部门窗

楼层一般开通排小条窗或开窗一樘，其余部分则为板墙。有的将每开间分为三段，安装带挂落的空框，下部装高仅 20cm 的细小栏杆。底层明间装尺寸定型的格子门。次间一般安装"丁工花"式的支摘窗或小条窗。

图 2-175 白族门窗

4）封火檐

"封火檐"是用一种被称为"封火石"的特制薄石板，封住后檐和山墙的悬出部分，起到防风作用，外观整齐光滑，同时有效防止山墙处蹿火。

图 2-176 封火檐外观

5）入户门楼

分为有厦门楼和无厦门楼两种。

有厦门楼是三间牌楼形制，形制固定，应用广泛。有厦门楼是瓦木结构的斗栱式构造。无厦门楼是砖石结构的拱圈式构造。无厦门楼的石台砍、门磴、砖柱等跟有厦门楼相似，不同的是用砖或石砌成拱券门。

图 2-177 有厦门楼和无厦门楼

2.8 傣族

2.8.1 聚落选址与形态

1）适应地形

傣族干栏民居聚落一般是选择在低洼的坝区，沿水域、河流自然形成一个个寨子。尽管周围空地很多，但由于相互协作抵御自然灾害及防卫的需求，使得聚落中的建筑密度相当高，由远望去，屋顶几乎连成了一片。傣族聚落遵循着因地制宜、顺应环境的法则。

| 图 2-178 曼掌村鸟瞰图 | 图 2-179 曼掌村聚落布局 | 图 2-180 聚落顺坡就势 |

2）微环境利用

傣族聚落多选址于山坡或邻近水源，容易形成山谷风／水陆风。聚落近水源方便生产生活取用水的同时能很好地改善居住的热环境。由于水体表面与临水的陆地表面得热不同而引起的空气流动，为竹楼提供了良好的通风和散热条件。此外，竹楼周边环境对竹楼室内环境起到隔热效果。

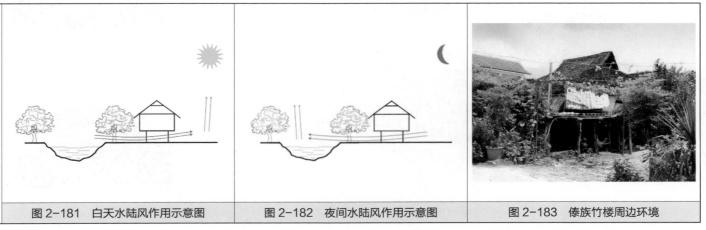

| 图 2-181 白天水陆风作用示意图 | 图 2-182 夜间水陆风作用示意图 | 图 2-183 傣族竹楼周边环境 |

2.8.2 外部公共空间

寨心：寨心对于一个村寨来说就犹如心脏对于人体，傣族人民称其为"宰曼"。常于寨心的位置摆放巨石，每当有重大事件，比如聚落中有人员要迁入或迁出、婚丧、患病、头人改选、新房修建等，都会对其进行祭祀，以祈求吉祥。

寨门：傣族聚落通常不设寨墙，只设立寨门，结合周边地形从空间上进行限定。一般以寨心为核心，在东南西北四个方向设立寨门。寨门的形式构造十分简单，仅仅是由两根相对粗壮的竹材或木材来架起一根竹或者木质的门梁，高度常大于 8m。

水井：在傣族本土的聚落空间中水井是不可或缺的。水在傣族文化中不仅代表了祝福，而且代表了纯净的灵魂世界。居民会在水井上设置井罩，每隔一段时间，对水井进行祭祀，在井边敲锣打鼓，载歌载舞。

曼勐老寨选址于依山傍水的平坝上，由寨心向外散发成不规则的圆弧形状，在寨心东南西北四个方位设置寨门，划分生活区与祭祀区。寨内道路较为狭窄，成棋盘状。建筑布置紧凑，屋脊方向顺应等高线排布。

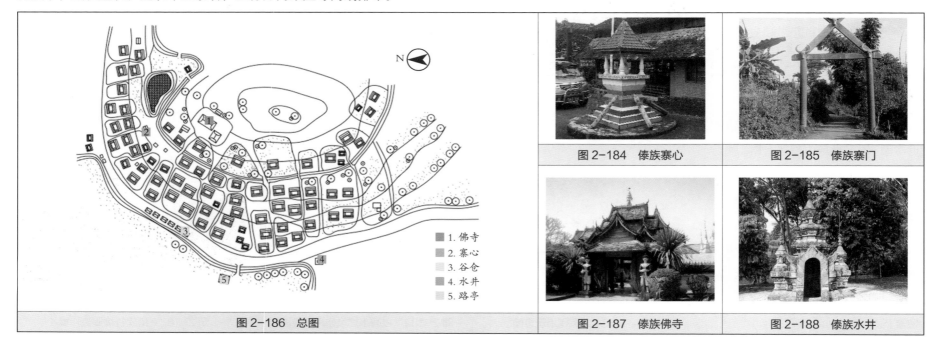

图 2-186　总图

1. 佛寺
2. 寨心
3. 谷仓
4. 水井
5. 路亭

图 2-184　傣族寨心

图 2-185　傣族寨门

图 2-187　傣族佛寺

图 2-188　傣族水井

2.8.3　本土建筑演变及发展

第一代傣族本土建筑是典型的干栏式建筑，以茅草为屋顶，主体结构为竹制，上层住人，下层饲养牲畜或堆放杂物，内部功能布局也较为本土化。

第二代傣族本土建筑仍以干栏式建筑为主，民居从外部形态、功能布局等方面与第一代民居无明显差异，用瓦代替了茅草屋顶，木制支柱和板材使用更普遍，有些新建的二代民居下层空间明显变小、层高降低，下层饲养牲畜的习惯正在被逐渐摒弃。

第三代傣族本土建筑材料被钢筋混凝土、砖等现代建材取代，失去了就地取材的特点，本土的功能空间被现代功能取代，失去了本土建筑所承载和代表的文化内涵，但采用傣族本土的屋顶样式或民族图腾作为装饰。

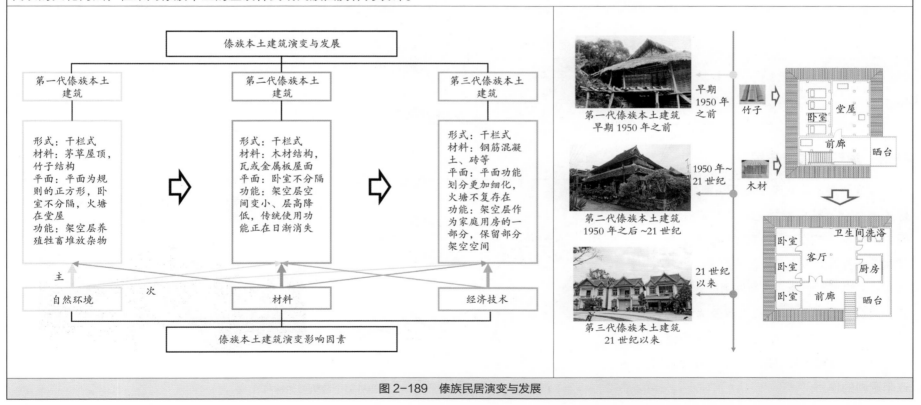

图 2-189　傣族民居演变与发展

2.8.4 建筑平面形制

傣族民居的典型形式为高架竹楼(干栏式),平面近方形,布局灵活多样。典型平面有单主房和主辅房组合类型,可以分为方形、曲尺形、凸形及横向型等,基本分为上下两层。

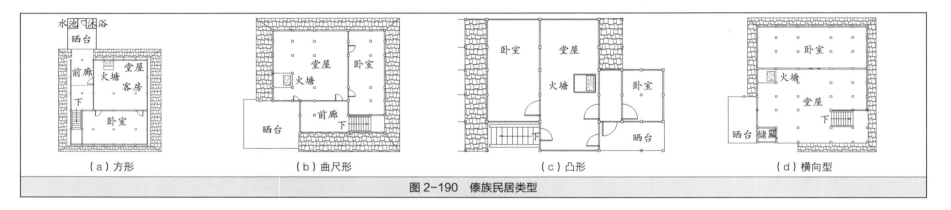

（a）方形　　　　　　　　（b）曲尺形　　　　　　　　（c）凸形　　　　　　　　（d）横向型

图 2-190　傣族民居类型

2.8.5 建筑形体与布局

傣族竹楼形体来源于关于凤凰的传说。傣族的竹楼系建房始祖帕雅桑目底在金凤凰的启示下,想出了建盖高脚竹楼的主意,按凤凰低头垂尾张翅之姿,建盖了"烘亨"竹楼。"烘亨"意为"凤凰展翅",竹楼亦即"凤凰展翅楼"。后来才演变为现在的竹楼。其屋顶如展翅的凤凰一样轻盈多姿,易于排水,屋檐低且出挑远,能很好地起到遮阳避雨的作用。

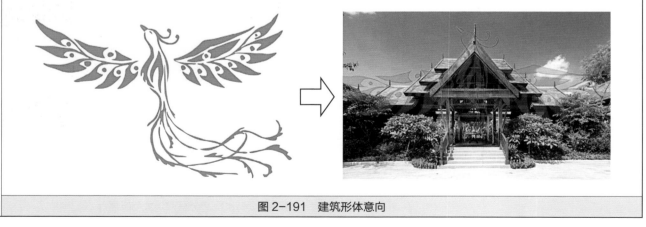

图 2-191　建筑形体意向

西双版纳地区傣族"高架竹楼"，典型平面有单主房和主辅房组合类型。其中，主房类型分为方形、凸形、曲尺形、凹形及横向分隔型等。竹楼通透开敞的平面空间有利于夏季良好的通风，不仅可以供给新鲜空气和带走室内热量及湿气，还可以依靠空气流动促进人体汗液蒸发降温，增加人的舒适感。

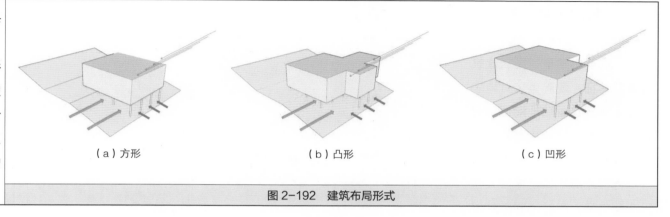

（a）方形　　　　　　　（b）凸形　　　　　　　（c）凹形

图 2-192　建筑布局形式

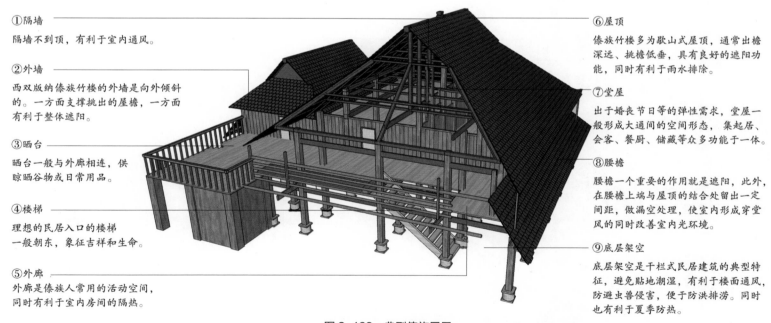

①隔墙

隔墙不到顶，有利于室内通风。

②外墙

西双版纳傣族竹楼的外墙是向外倾斜的。一方面支撑挑出的屋檐，一方面有利于整体遮阳。

③晒台

晒台一般与外廊相连，供晾晒谷物或日常用品。

④楼梯

理想的民居入口的楼梯一般朝东，象征吉祥和生命。

⑤外廊

外廊是傣族人常用的活动空间，同时有利于室内房间的隔热。

⑥屋顶

傣族竹楼多为歇山式屋顶，通常出檐深远、挑檐低垂，具有良好的遮阳功能，同时有利于雨水排除。

⑦堂屋

出于婚丧节日等的弹性需求，堂屋一般形成大通间的空间形态，集起居、会客、餐厨、储藏等众多功能于一体。

⑧腰檐

腰檐一个重要的作用就是遮阳，此外，在腰檐上端与屋顶的结合处留出一定间距，做漏空处理，使室内形成穿堂风的同时改善室内光环境。

⑨底层架空

底层架空是干栏式民居建筑的典型特征，避免贴地潮湿，有利于楼面通风，防避虫兽侵害，便于防洪排涝。同时也有利于夏季防热。

图 2-193　典型傣族民居

2.8.6 建筑缓冲空间

底层架空是干栏民居建筑的典型特征，既避免了对地表的破坏，又避免贴地潮湿，有利楼面通风，防避虫兽侵害，便于防洪排涝。

竹楼外廊不仅是傣族人常用活动空间，同时也利于堂屋的隔热。屋顶的大坡度做法，不仅增高内部空间，减弱了屋顶对室内空间的热辐射。而且由于没有吊顶的阻挡，室内的余热也较容易升至顶部，从瓦沟的缝隙中排出。

遮阳是傣族干栏民居隔热降温的主要方法，最普通的是利用屋檐遮阳。在腰檐上端与屋顶的结合处留出一定的间距，做漏空处理，利于室内形成穿堂风，而且也大大改善了内部采光。

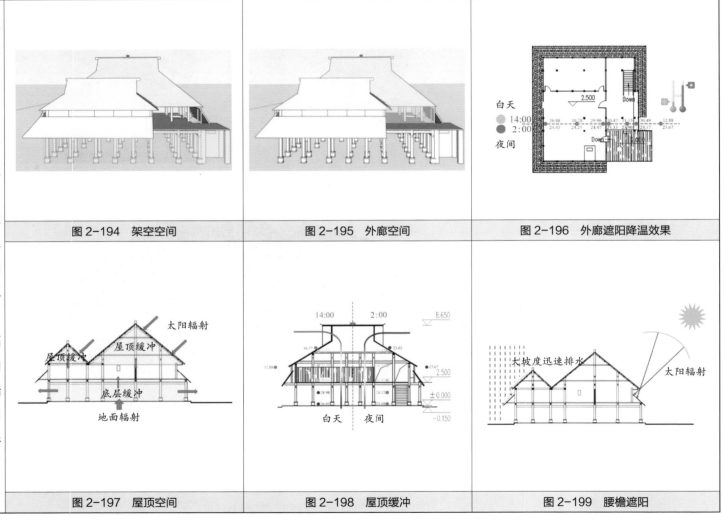

图 2-194　架空空间

图 2-195　外廊空间

图 2-196　外廊遮阳降温效果

图 2-197　屋顶空间

图 2-198　屋顶缓冲

图 2-199　腰檐遮阳

2.8.7　特色细部

1）建筑装饰

傣族竹楼会在茅草屋顶和竹篾围墙上编织各种图案，作为建筑的装饰，如果是木板墙则会雕刻图案，富有装饰性。

图 2-200　竹篾围墙

2）火塘

傣族每家竹楼里的火塘一旦安装好以后，就不能随便移动，包括支锅的三块石头也不能更换；如若移动和更换，必须选择吉日，或在翻盖房屋、老人去世的时候进行。平时做饭烧柴，也要按一定规矩进行，不能违背火塘神的意志；任何人也不得从火塘上跨过，以示尊重和敬仰。

图 2-201　火塘

3）柱子

傣族竹楼一般分为上下两层，下层潮湿，竹楼没有地基，因此木柱子落在石制柱础上，以避免对木柱子的腐蚀。

图 2-202　柱子

4）屋脊

傣族建筑的房顶呈"人"字形，西双版纳地区属热带雨林气候，降雨量大，"人"字形房顶易于排水，不会造成积水的情况出现。

图 2-203　屋脊

大理白族自治州沙溪古镇

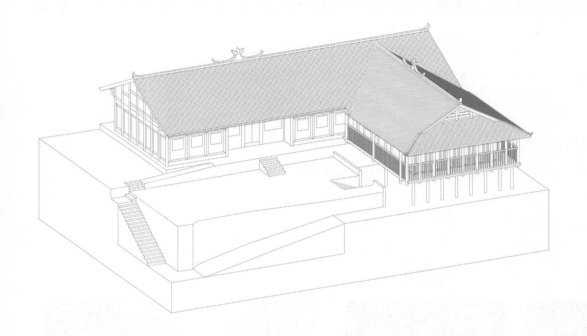

第 3 章

建筑材料与构造

良好的建筑材料与构造技术也是生态经验的重要表现，其应用主要体现在建筑围护结构上。但本土建筑技术的有限性使得本土建筑围护结构存在一定的弊端。在建筑材料和建造技术多样化的现代，围护结构不再局限于传统做法，可以利用现代材料和技术，建造具有地域特色的建筑。

3.1 建筑材料

材料是构成建筑地域特色的物质要素，它影响着建筑构造、围护结构等。西南地区有着独特的气候与生态条件，植被丰茂，自然资源丰富。为适应各地气候，本土建筑中来自自然的竹木土石等材料，以及与之相应的适宜生态技术，作为传统的成功经验，仍值得在现代地域建筑中运用。

3.1.1 竹木

竹材生长迅速，取材方便，具有轻质高强的特点，方便加工成不同形式，作为围护结构常用于建筑墙体和楼地面。木材分布广泛、生长周期短、适应性强、易于加工和运输，同时其抗压抗拉性能良好。因此在本土建筑中，木材多用于承重结构，同时也用于建筑墙体、楼地面及门窗。

绿色特性：可再生、再利用或者分解回归自然；减少空气中 CO_2 的浓度。
物理特性：一定的吸湿性；快速散热降温；保温隔热性能较差。

竹墙体	木墙体	竹楼地面	木楼地面	木门窗	木屋架

3.1.2 石材

石材耐压、耐磨、防渗、防潮性能均很优越。应用石材可以解决土坯墙、砖墙因返潮而被破坏的问题。石材经常用于墙体、地面等部位，部分地区也用于屋面。

绿色特性：硬度适中，节理裂隙分层明确，便于取材；作为天然材料，资源丰富，经久耐用，在生态循环系统不会产生自然界难以降解的物质。					
物理特性：页岩石板热容量较大、热惰性高，可有效提高室内的热稳定性；不透水，耐水性和抗冻性好；具有良好的耐火性能，可减少火灾隐患。					
石墙体			石地面		石板屋面

3.1.3　土

　　土是中国较为丰富的建材资源，分布广泛，取材便利，价格低廉。常见的有黄土、砂土、碱土等。其中黄土土质细黏，用途多样，最常见的是用来制作土坯，土坯砌墙既保温又隔热；也可用作胶泥，当作砌土坯、土块时的粘接材料，由于它的黏性强，可使墙体坚固牢靠。

绿色特性：分布广泛，取材便利，价格低廉；绿色无污染，可以回归自然，或无限次地重复使用。	
物理特性：具有优良的蓄热能力，可以缓和室内的温度波动，同时具有良好的吸湿能力，能够有效改善室内微气候。	
土墙体	土地面

3.2 建筑构造组成

根据承重结构的材料不同，西南地区本土建筑的构造形式分为竹木体系、土体系、石体系和混合体系。

3.2.1 竹木体系

西南地区本土建筑中采用竹木体系居多，包括汉、土家、苗、侗、彝、傣、壮族民居等。例如傣族干栏式竹楼、土家族穿斗式民居和彝族井干式民居，其承重结构常用竹、木或竹木混合材料。

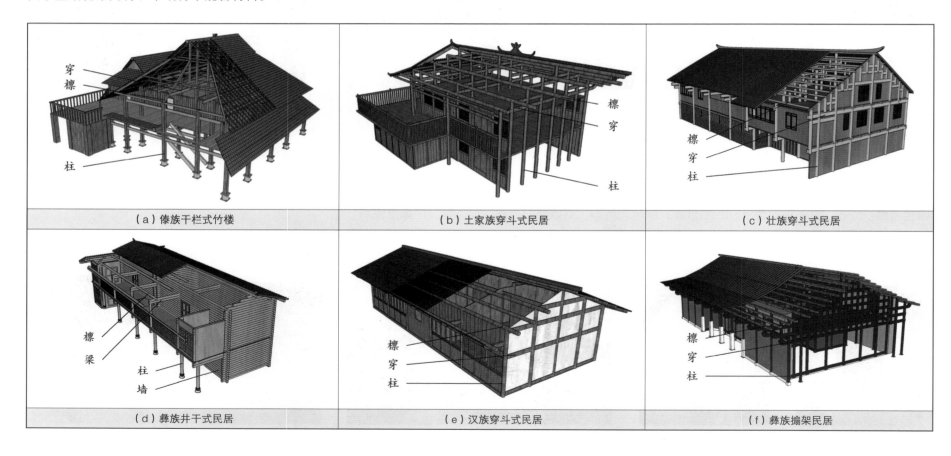

|（a）傣族干栏式竹楼|（b）土家族穿斗式民居|（c）壮族穿斗式民居|
|（d）彝族井干式民居|（e）汉族穿斗式民居|（f）彝族搪架民居|

3.2.2 石体系

石材结实厚重，耐久性和防火性能好，部分民族（石材丰富地区）就地取材，直接使用石材砌筑作为承重结构。

3.2.3 土体系

土与石材同样厚重，但其保温隔热性能好，且易于取材，部分地区（如汉族）直接采用土墙作为承重结构。

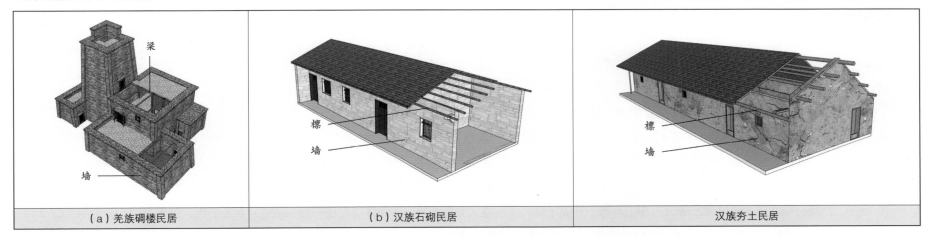

| （a）羌族碉楼民居 | （b）汉族石砌民居 | 汉族夯土民居 |

3.2.4 混合体系

一些民族充分发挥材料各自的性能，采用混合承重结构的本土建筑，其中包括布依、白、彝族。混合体系的常见做法是木结构作为主要支撑，山墙采用土或石材承重。如布依族木骨石墙民居、白族"三坊一照壁"等。另外，也有采用夯土墙为主要承重结构、木构架配合承重的彝族土掌房。

| （a）布依族木骨泥墙民居 | （b）白族"三坊一照壁" | （c）彝族土掌房 |

3.3 墙体

3.3.1 竹木墙

苗、侗、土家、壮族以板壁墙为主；云南彝、纳西族以井干式墙体为主；傣族早期建筑为"竹楼"，后逐渐发展为"木楼"；川渝地区以板壁墙、竹木结合的竹篾泥墙为主。

1）传统做法

（1）板壁墙

以穿斗架作为承重构件，外墙或内墙一般仅起围护及分隔空间的作用。以土家族为例，传统正宗的土家族房屋墙体为板壁墙，一般柱子、枋框、板壁三部分按照一定工艺组装而成。

① 柱子：起承重作用，枋框均以榫卯或穿插方式固定于柱上。

② 枋框：安装门窗、板壁之前，须在柱间安枋框来形成板壁的框，以利于板壁嵌入。横枋在柱脚的叫地脚枋或下落檐（即下槛），上面的称照面枋或叫上落檐（即上槛），这些横枋厚约三寸半至五寸，高约一尺左右，看房间大小来决定；在柱侧和横枋之间用直立的枋子，在柱侧抱柱的叫抱柱枋，在门边的叫门枋，在窗、装板或作夹泥等中段的枋子叫撑枋，撑枋普通厚二寸，上等住宅有的厚二寸半到三寸，枋宽多四至六寸，门枋有的宽到一尺多。

③ 板壁：用抱柱枋及撑枋将壁体三等分，在上落檐下安尖子枋，下落檐上安坐脚枋，在壁体腰部横安腰枋两道，然后装板，每板厚约八分（约2.67cm），宽不过八九寸，板与板接缝处用壁股掩护及支挡，多数都是用杉木等较好的木材做木板壁。壁体中部上半段常安窗。

重庆部分地区及云南傣族板壁省去了枋的细节做法，直接将木板拼合在枋框上。

（2）竹篾泥墙

竹篾泥墙做法是木枋柱间根据需要设立枋，在空档内把竹篾编为壁体后，在壁体内外抹混合有碎麦秆或谷壳的灰泥，待灰泥稍干后用石灰抹面。

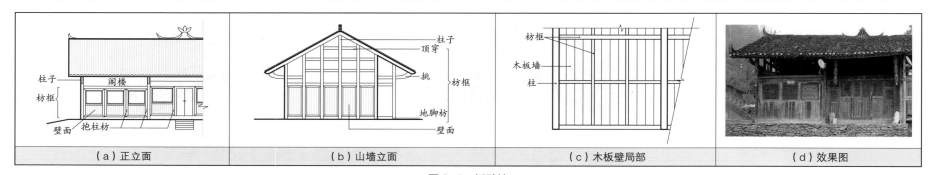

| （a）正立面 | （b）山墙立面 | （c）木板壁局部 | （d）效果图 |

图3-1　板壁墙

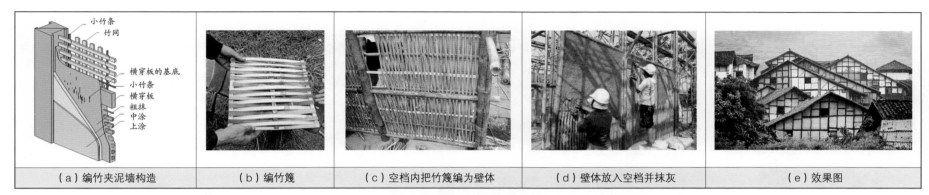

| （a）编竹夹泥墙构造 | （b）编竹篾 | （c）空档内把竹篾编为壁体 | （d）壁体放入空档并抹灰 | （e）效果图 |

图 3-2　编竹夹泥墙制作过程

2）竹木风貌墙体的现代做法

（1）跺木墙做法

跺木墙是指用圆形、半圆形、方形、矩形、六角形等横断面的木料，在其两端各留出能连接和上托另一木料的凹槽，通过层层堆叠，构成壁体。该壁体既是围护结构也是承重结构，这些壁体交错生成井框状的居住空间。跺木墙通常对木材的需求量较大，因此多见于森林资源丰富的地区，我国的井干式木构架见于云南、新疆、广西以及东北少数森林地区。

按照《木结构设计标准》GB 50005-2017，对跺木墙体有以下规定：

① 跺木墙体构件的截面形式可按表 3-1 的规定选用，并且矩形构件的截面宽度尺寸不宜小于 70mm，高度尺寸不宜小于 95mm；圆形构件的截面直径不宜小于 130mm。

② 跺木墙体除山墙外，每层的高度不宜大于 3.6m。墙体水平构件上下层之间应采用木销或其他连接方式进行连接，边部连接点距离墙体端部不应大于 700mm，同一层的连接点间距不应大于 2.0m，且上下相邻两层的连接点应错位布置。

③ 当采用木销进行水平构件的上下连接时，应采用截面尺寸不小于 25mm×25mm 的方形木销。连接点处应在构件上预留圆孔，圆孔直径应小于木销截面对角线尺寸 3~5mm。

④ 跺木墙墙体转角和交叉处，相交的水平构件应采用凹凸榫相互搭接，凹凸榫搭接位置距构件端部的尺寸不应小于木墙体的厚度，并不应小于 150mm。外墙上凹凸榫搭接处的端部，应采用墙体通高并可调节松紧的锚固螺栓进行加固。在抗震设防烈度小于 6 度的地区，锚固螺栓的直径不应小于 12mm；在抗震设防烈度大于 6 度的地区，锚固螺栓的直径不应小于 20mm。

⑤ 跺木墙结构每一块墙体宜在墙体长度方向上设置通高的并可调节松紧的拉结螺栓，拉结螺栓与墙体转角的距离不应大于 800mm，拉结螺栓之间的间距不应大于 2.0m，直径不应小于 12mm。

跺木墙木结构常用截面形式

表 3-1

材料		截面形式				
方木		$70mm \leq b \leq 120mm$	$90mm \leq b \leq 150mm$	$90mm \leq b \leq 150mm$	$90mm \leq b \leq 150mm$	$90mm \leq b \leq 150mm$
胶合原木	一层组合	$95mm \leq b \leq 150mm$	$70mm \leq b \leq 150mm$	$95mm \leq b \leq 150mm$	$150mm \leq \phi \leq 260mm$	$90mm \leq b \leq 180mm$
	二层组合	$95mm \leq b \leq 150mm$	$150mm \leq b \leq 300mm$	$150mm \leq b \leq 260mm$	$150mm \leq \phi \leq 300mm$	
原木		$\phi \geq 130mm$	$\phi \geq 150mm$			

⑥ 跺木墙结构的山墙或长度大于 6.0m 的墙体，宜在中间位置设置方木加强件或采取其他加强措施。方木加强件应在墙体的两边对称布置，其截面尺寸不应小于 120mm×120mm。加强件之间应采用螺栓连接，并应采用允许上下变形的螺栓孔。

⑦ 跺木墙结构应在长度大于 800mm 的悬臂墙末端和大开口洞的周边墙端设置墙体加强措施。

⑧ 跺木墙结构墙体构件之间应采取防水和保温隔热措施。构件与混凝土基础接触面之间应设置防潮层，并应在防潮层上设置经防腐防虫处理的垫木。与混凝土基础直接接触的其他木构件应采用经防腐防虫处理的木材。

⑨ 跺木墙结构墙体垫木的设置应符合以下规定：垫木的宽度不应小于墙体厚度；垫木应采用直径不小于 12mm、间距不大于 2.0m 的锚栓与基础锚固。在抗震设防和需要考虑抗风能力的地区，锚栓的直径和间距应满足承受水平作用的要求；锚栓埋入基础深度不应小于 300mm，每根垫木的两端应各有一根锚栓，端距应为 100~300mm。

⑩ 跺木墙结构墙体在门窗洞口切断处，宜采用防止墙体沉降造成门窗变形或损坏的有效措施。对于墙体在无门窗的洞口切断处，在墙体端部应采用防止墙体变形的加固措施。

⑪ 跺木墙结构中承重的立柱应设置能调节高度的设施。屋顶构件与墙体结构之间应有可靠的连接，并且连接处应具有调节滑动的功能。

⑫ 在抗震设防烈度为 8 度、9 度或强风暴地区，井干式木结构墙体通高的拉结螺栓和锚固螺栓应与混凝土基础牢固锚接。

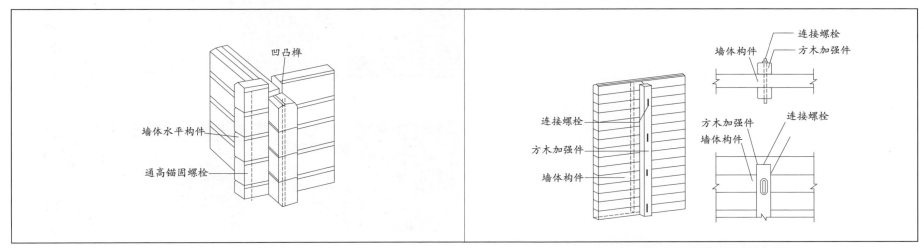

图 3-3 转角结构图示　　　　图 3-4 墙体方木加强件图示

（2）外部装饰做法

现代建筑中往往是在基层上做竹木饰面，常用的做法有外挂装饰板、外贴装饰板和外挂装饰材料三种做法。

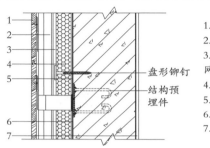

1. 饰面层（如木挂板）
2. 100mm 厚龙骨与空气间层（可调）
3. 5~8mm 厚聚合物砂浆保护层压入耐碱纤维网格布
4. 保温层
5. 粘结材料
6. 墙体基层
7. 饰面层（水泥砂浆）

盘形铆钉
结构预埋件

（a）外挂装饰板

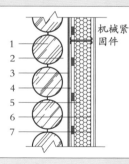

机械紧固件

1. 圆木楞
2. 轻质黏土
3. 钢丝网
4. 粘结层
5. 保温层
6. 抹面层（5~8mm 厚聚合物砂浆保护层压入耐碱纤维网格布）
7. 饰面层（腻子）

（b）外贴装饰板

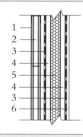

1. 支撑纵向竹竿的钢制框架
2. 竹竿（仅装饰作用）
3. 防风和防水层
4. 20mm 水泥刨花板
5. 保温层
6. 内饰面

（c）外挂装饰材料

3.3.2　石墙

传统石墙一般包括块石砌墙、页岩镶板墙、石片墙和鹅卵石墙。

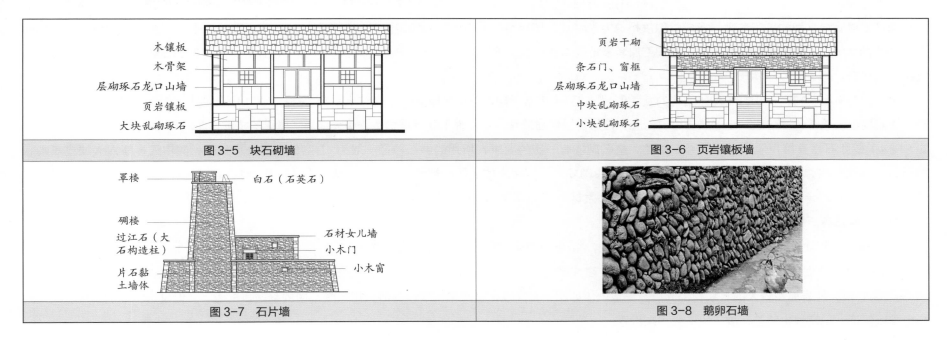

图 3-5　块石砌墙

图 3-6　页岩镶板墙

图 3-7　石片墙

图 3-8　鹅卵石墙

1）传统做法

（1）块石砌墙在平面上一般采取楔形错位交接的构造方式，缝内灌石灰砂浆。对质量要求高的建筑，也采用料石咬口法（石块交接面均凿平）砌筑。石料面层加工多采取凿"梅花点"和"飞毛雨"（斜纹）的手法。

（2）页岩镶板墙体则为干砌或浆砌，将厚 2~3 cm 的薄石板镶嵌于木柱与横枋之间，外表层不作加工处理。页岩镶板墙的用料厚度不尽相同，一般为 2~10 cm。又有部分石板房墙体的下部采用块石砌墙保证墙体的稳定性，上部采用片石干砌法建造，利用石块之间的缝隙可增强通风透气的效果。

（3）石片墙讲究用料，石块平整面朝上、朝外，左右石料相互楔合，缝隙间用小石块楔紧再用黏土粘合，找平后再开始放置第二块石料。棱角石多采用石质上乘且呈规整几何图案的中小石块。砌墙所用的石头，必须是又薄又宽的块石，左右石料相互楔合，缝隙间用小石块楔紧再用粘合力特别强的黏土粘合。第一层如果竖着铺，第二层就必须横着铺，这样可以让石头与石头之间形成抓力。砌墙时必须两面都整齐，中间还要用大石头填心。石料匮乏地区，羌族碉楼的底层多为 1.2～2.0m 石砌结构，主要起防水、抗撞击、承载整个建筑物的作用，之上则用黏土夯制而成。

墙体与建筑均有 1%～3% 的收分。建筑外墙墙角的升起使得墙面形成拱形，类似于拱桥的拱形，石块的特性使抗压能力大于抗拉能力，微微倾斜的水平砌筑使得石块之间的挤压变大，形成类似拱桥的力学特性，使得整个墙面更加稳定。同时，由于石块的倾斜，石块的重力 G 分解成沿倾斜面的切向力 F 和法向力 N。F 传递给相邻的石块，使其更加紧凑地联系在一起；而 N 向下传递，分散了墙角的受力，这样的做法使得墙面和墙角的沉降可以达到更统一的状态。

另外，还有"鱼脊背"（相当于砌体结构的壁柱）、"布筋"（相当于砌体结构的圈梁）、"过江石"、"勾股"（即用较粗的杉木或长木板交叉固定成"L"形，埋入墙中，通常每三"版"土墙放一组"勾股"拉结，以增强墙角的整体性）等抗震构造，极大提高了民居的抗震性能。

（4）鹅卵石墙直接用溪流中的鹅卵石砌建。垒石砌墙有一定的要求，所用的卵石粒径一般为 10~15cm，大小搭配，其中还多掺入大块或长条状的石头；垒砌时要卵石上下错缝，避免通缝，小的石头砌多了，应用大的去压；卵石小头对外，大头向内，形成拉头；砌墙时两工匠内外同时砌筑，使两面大小卵石配合密度匀称；由于大理地区属地震多发区，因而墙角部分多用较方整的块石砌筑，以防地震。

具体的砌法有三种：

① 干砌：直接让石与石相互咬合，坚固但比较费工，常用于勒脚、照壁及正房墙身等重要部位。

② 夹泥砌：用泥沙填缝，粘结石块。和干砌一样，往往要收分，用于次要部位。

③ 包心法：外表面用较大的石块，中间填充细散的小卵石，在高度上受限制，所以一般只用于院子中的隔墙、围墙等。但是这种墙砌筑难度大，质量也难以保证，耐震性也较差，故一般不会用来承重。

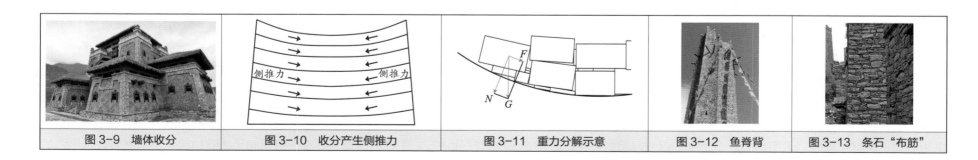

| 图3-9 墙体收分 | 图3-10 收分产生侧推力 | 图3-11 重力分解示意 | 图3-12 鱼脊背 | 图3-13 条石"布筋" |

2）石风貌墙体的现代工艺

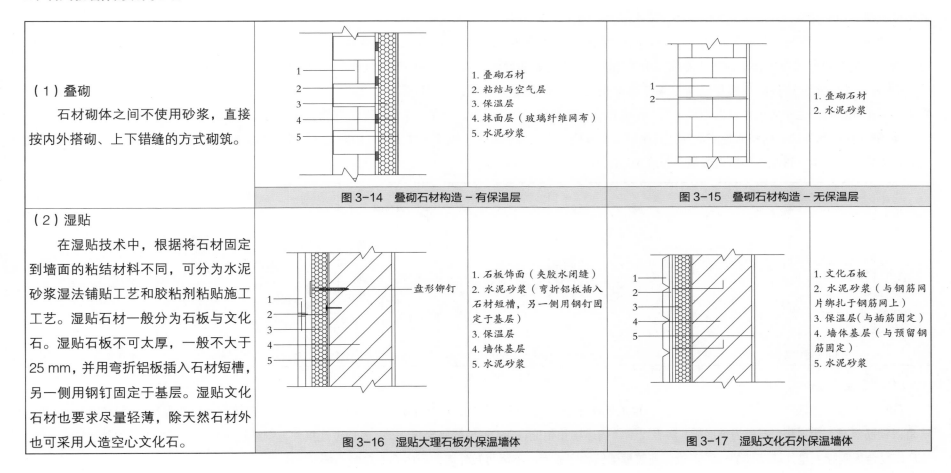

（1）叠砌 　　石材砌体之间不使用砂浆，直接按内外搭砌、上下错缝的方式砌筑。		1. 叠砌石材 2. 粘结与空气层 3. 保温层 4. 抹面层（玻璃纤维网布） 5. 水泥砂浆	1. 叠砌石材 2. 水泥砂浆
	图 3-14　叠砌石材构造 - 有保温层	图 3-15　叠砌石材构造 - 无保温层	

图 3-14　叠砌石材构造 - 有保温层　　图 3-15　叠砌石材构造 - 无保温层

（2）湿贴

　　在湿贴技术中，根据将石材固定到墙面的粘结材料不同，可分为水泥砂浆湿法铺贴工艺和胶粘剂粘贴施工工艺。湿贴石材一般分为石板与文化石。湿贴石板不可太厚，一般不大于 25 mm，并用弯折铝板插入石材短槽，另一侧用钢钉固定于基层。湿贴文化石材也要求尽量轻薄，除天然石材外也可采用人造空心文化石。

盘形铆钉

1. 石板饰面（夹胶水闭缝）
2. 水泥砂浆（弯折铝板插入石材短槽，另一侧用钢钉固定于基层）
3. 保温层
4. 墙体基层
5. 水泥砂浆

1. 文化石板
2. 水泥砂浆（与钢筋网片绑扎于钢筋网上）
3. 保温层（与插筋固定）
4. 墙体基层（与预留钢筋固定）
5. 水泥砂浆

图 3-16　湿贴大理石板外保温墙体　　图 3-17　湿贴文化石外保温墙体

（3）干挂

　　干挂法施工工艺就是通常所说的石材干挂施工，即在饰面石材上直接打孔或开槽，用各种形式的连接件（干挂构件）与结构基体上的膨胀螺栓或钢架相连接而不需要灌注水泥砂浆，使饰面石材与墙体间形成 80~150 mm 空气层的施工方法。

① 蝴蝶式：此方式在加工成形时已破坏了挂件强度（优质不锈钢除外），施工中因其上下翻头厚度和弯度迫使所切沟槽必须加宽，安装时对石材容易造成破损，加工槽宽、用胶量过大使其综合成本加大，略显技术落后。

② 背栓式：这种干挂方法在石材的背部打孔，用锚栓与龙骨连接，是由后切式锚栓及后支持系统组成的幕墙干挂体系。因机械式锚固结构不以柔性结合，不能解决好因温差造成的热胀冷缩变形问题。由于胶粘剂直接决定着锚固件的牢固性能，且操作烦琐，故机械锚固结构使用量不大。

③ 背挂式：此种挂件材质轻便，通过高压静电由粉末喷涂，富有耐腐蚀、耐高温、抗老化、轻便等特点，并能通过静力计算得到精确的承载能力。当主体结构产生较大位移或温差较大时，不会在板材内部产生附加应力，因而特别适于高层建筑和抗震建筑，体现出柔性结构连接的优点。

④ 缝挂式：此种挂件的材质性能与背挂式相同，而其施工方法的优势在于短槽支撑，定位切槽，保证整个幕墙的垂直度，与锯片同半径的弧形镶片可紧密固定于沟槽中。该挂件为挤压成型，强度大，牢固性强，提高了抗震性能。

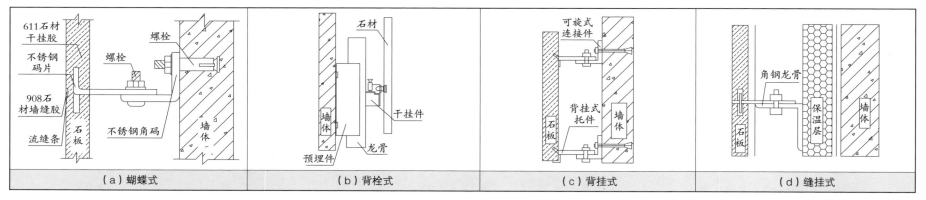

| （a）蝴蝶式 | （b）背栓式 | （c）背挂式 | （d）缝挂式 |

（4）G.P.C 复合板技术

G.P.C 工艺安装法是干挂法的进一步发展，也是最能体现石材安装工业化、成品化的安装工艺。它同时具有自然石材的外观和可预制的特点，其方法是以钢筋混凝土为衬板，石材为饰面板，两者以不锈钢连接扣相连，浇筑形成的复合板；安装时通过连接件与钢结构或是钢筋混凝土预埋件连接成一体。G.P.C 复合板实际上是外墙幕墙的一种形式，建筑框架结构完成后，不需再做外墙，而由 G.P.C 复合板替代。

（5）复合超薄天然石材技术

这种技术也是以干挂技术为基础，用厚度为 2~8 mm 的天然石板为表面材料，背面以黏结剂结合各种材料作为石板的强化材料进行复合而成的新型建筑装饰材料。此种复合石板材产品的主要优点是重量轻、施工快、强度高，克服了天然石材这种脆性材料固有的重量大、易碎裂等缺点。

（6）石笼技术

　　石笼技术是在金属丝编成的笼子里放入石块，从而形成一个较大的建筑模块。以前这种建筑模块的笼是由柳条编成的，在工程的使用中被用来抵抗侧向压力。建筑师近来逐渐了解到这种结构的优势。与混凝土墙比起来，这种结构在经济上比较节省，并且可以利用当地的小石块。这种结构的建造过程简单，不需要特别的基础、工序和安装技术。最近又发展了很多种类的石笼墙，如装饰墙。石笼结构的表面可以覆盖一层带有草种的泥土或者某些相对较薄的装饰材料。

（7）后张承重技术

　　后张承重技术即用钢筋绷紧石材的加工技术，在这个技术中要求钢筋穿过石块，并拉紧钢筋使得石块紧压在一起。具体做法：质地良好的石块在开采过程中必须避免结构性的破坏，然后由计算机辅助的设备对石材进行精确切割，以保证石材内部受力均匀。最后用手工完成整个石块开采的收尾工作。在出厂前，每一块石块都凿刻出拉伸钢缆的连接套管。在施工现场，石块被安放到正确的位置上后，将拉伸钢缆插入套管后，再经过一次机械化表面处理，并用激光测量设备检查。在石块的上表面使用 3mm 厚的双分组环氧树脂和 2mm 厚的不锈钢隔离金属板来确保石块间的稳定连接。结合面涂上树脂层后，就立即往上叠加石块。一旦所有石块就位，就用机械插入拉伸钢缆。在加载前，将木和钢的支架降低 20mm，以允许结构的弹性位移。

（8）真石漆

　　真石漆是一种装饰效果酷似大理石、花岗石的厚浆型涂料。主要采用各种颜色的天然石粉配制而成，应用于建筑外墙的仿石材效果，因此又称液态石。真石漆色泽自然，具有天然石材大理石、花岗石的质感，能做各种线格设计，能提供各种立体形状的花纹结构，从视觉上彰显整个建筑的高雅与庄重之美，还有适用面广、水性环保、耐污性好、使用寿命长、经济实惠、无安全隐患等优点，是外墙干挂石材最佳替代品。

| （a）G.P.C 复合板 | （b）复合超薄天然石材 | （c）石笼墙 | （d）后张承重技术 | （e）真石漆墙面 |

3）肌理参考

（1）单一石材拼出各种肌理的墙体

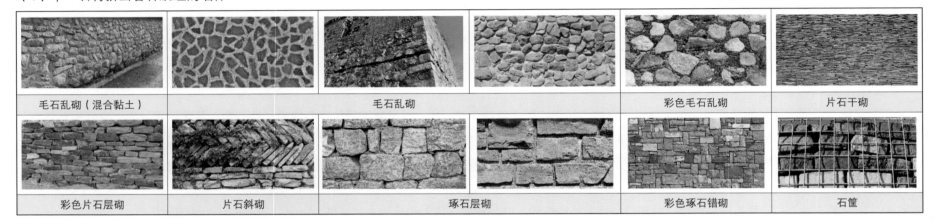

毛石乱砌（混合黏土）	毛石乱砌	彩色毛石乱砌	片石干砌

彩色片石层砌	片石斜砌	琢石层砌	彩色琢石错砌	石筐

（2）石材结合木、竹子、土、砖建造墙体

毛石乱砌墙 + 木板墙	毛石乱砌墙 + 砖墙	琢石层砌墙 + 木结构	石墙 + 竹子结构	毛石乱砌墙 + 钢结构	片石湿砌墙 + 夯土墙

（3）石材墙体与其他材料的构件或结构相结合

石墙 + 金属窗 + 玻璃塑钢窗	石材屋墙 + 石材院墙	石墙 + 木结构	石墙 + 木窗 + 钢混过梁	石墙 + 钢混梁柱	石墙 + 木窗

3.3.3　土墙

传统土墙主要分为两类：夯土墙和土坯砖墙。在西南地区主要有川渝地区的夯土房、云南彝族的土掌房、云南的"一颗印"及云南白族本土建筑。

1）传统砌筑

土坯直接从毛石墙基之上开始砌筑，一般只用泥浆做简单砌缝处理，有的甚至不用粘结料干砌，最常见的砌法为侧砖顺砌与侧砖丁砌上下错缝法和侧砖丁砌与平砖顺砌上下错缝法，这两种砌法在保证土墙厚度的同时具有更好的稳定性，并在达到同样墙高的情况下更加节省材料，另外还有满条满丁等砌法。砌筑土坯砖时，往往还会在墙壁内外增加具有拉结作用的竹篾、藤条或木板等，增加土坯墙的抗压和抗拉性能。

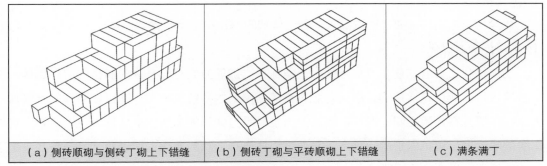

| （a）侧砖顺砌与侧砖丁砌上下错缝 | （b）侧砖丁砌与平砖顺砌上下错缝 | （c）满条满丁 |

2）夯土墙保护加固

（1）新土补墙措施：针对墙基凹陷或墙体土体损失较重时，应新补生土材料来保证整个墙体的强度稳定性。此时需注意新土与旧土的结合及新土部位与旧墙的搭配问题，保证二者之间连接紧密的同时，做到修旧如旧。针对不同的土体流失，可采取直接生土补墙或通过连接件加强原土与生土的连接。

（2）木针加固法：针对整面墙体的结构加固，传统一般采用的是打木钉的方式，通过木针钉入生土墙体内部，增加周边土体直接的摩擦力，以达到一定的加固作用，但是往往由于木针长度不够以及木材本身不耐虫蛀、不防腐等缺点，其对生土墙体的加固效果是有限的，所以需要对木针进行预先处理。

（3）钢筋锚固法：由于生土墙体本身的抗压抗剪能力很弱，若想提高整个墙体的结构安全性，可以考虑对其进行加筋处理。主要有两种方法，即刻槽加筋法和内外格栅配钢筋网法。

（4）小型裂缝处理：针对小型裂缝且对生土墙体的结构安全性和稳定性不造成很严重破坏时，一般可以简易处理，在其表面新抹一些防护材料，保护裂缝处不受外界条件的影响，避免其继续扩大。

（5）较大裂缝处理：针对比较大的裂缝，可以采用灌浆法和填充法结合的方式。先往裂缝中填入细小的生铁片等填充材料，再往裂缝中注入一定比例的黄土砂浆，必要时在砂浆中加入一定量的微膨胀剂，以保证裂缝能填充密实，外界水分不会再通过裂缝进入墙体内部。

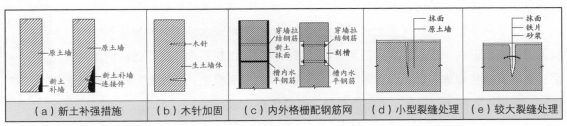

| （a）新土补强措施 | （b）木针加固 | （c）内外格栅配钢筋网 | （d）小型裂缝处理 | （e）较大裂缝处理 |

3）生土风貌墙体的现代做法

由于土墙古朴、自然的质感，现代建筑仍用生土风貌的墙体。

（1）化学材料加固

化学材料加固法主要是通过加入一种土体加固剂，在生土材料内部发生一系列化学反应，从而提高生土墙体的耐水性和力学性能。

（2）墙体受力优化

墙体优化主要有加筋、改良连接、边角保护。加筋方式可以有竖向和横向两种选择。横向加筋主要是在每两版墙之间布设一层水平拉结钢筋，并在纵横墙连接处使用铁丝捆绑，增强各版夯土墙之间的水平抗剪能力。建议使用环氧钢筋加筋网，借鉴现代钢筋混凝土建筑的做法，以钢筋网作为骨架，生土材料填充在骨架之间，形成以钢筋网为主要受力体系的加筋生土墙体。可以借助木构件榫卯连接的思路，加大两版墙体之间的连接面积，进而加强二者的咬合力。边角保护的一种方法是通过墙体自身形状的变化消除锐角，另一种方法是通过其他材质的结合使用对墙体边角部分进行保护，例如各类材质的护角、构造柱的设置等。

| （a）墙体加筋 | （b）加筋网 | （c）墙体连接改良 | （d）墙体边角保护 |

（3）饰面外观改良

现代建筑师们在设计生土建筑时更会追求用墙体颜色的变化、丰富的色彩层次来呈现不一样的视觉享受。形成生土建筑颜色变化的因素，主要分为原生态的土壤源和往原状土壤中添加各种调色剂的非土壤源两种。为增强生土基饰面材料与砖墙的结合力，可以采用不锈钢钢丝网生土砂浆加强的方法，在砖墙或水泥墙体外加挂不锈钢钢丝网，再将混有白水泥、黑水泥甚至化学加固材料的生土材料涂抹在不锈钢钢丝网表面。也可直接将墙体内部用钢材等金属搭建成墙体的承重骨架，再在金属骨架外钉上木板，直接在木板上涂抹生土基饰面材料，做成仿夯土墙的形式。

图3-18 现代生土建筑的丰富色彩

3.3.4　墙体保温

（1）传统做法的墙体热工性能如表 3-2。

传统墙体热工性能　　　　　　　　　　　　　　　　　　表 3-2

墙体	竹墙	木墙		土墙		石墙	
	竹篾泥墙	木板墙	垛木墙	夯土墙	土坯墙	石砌墙	石板墙
墙体厚度（mm）	50	25	250	450	350	450	250
热阻 R[（m²·K）/W]	0.29	0.18	1.79	0.75	0.72	0.22	0.12
热惰性 D	1.40	0.69	6.89	6.08	5.29	3.99	2.22

（2）对于有地方风貌的现代建筑，根据各地方建筑节能设计要求，可依据表 3-3 查找推荐墙体类型保温层厚度。表中"*"表示该结构整体热惰性指数 $D \geqslant 2.5$；"（ ）"表示基层材料为 200 厚混凝土多孔砖。

表 3-3

类型	构造（mm）	传热系数 K W/（m²·K）	保温材料厚度（mm）				适用地区
			挤塑聚苯乙烯板（R=0.139）	模塑聚苯乙烯板（R=0.099）	硬发泡聚氨酯（R=0.182）	胶粉聚苯颗粒（R=0.064）	
竹／木材挂板外保温墙体	盘形铆钉　结构预埋件　1. 饰面层（如木挂板）　2. 100 厚龙骨与空气间层（可调）　3. 5~8 厚聚合物砂浆保护层压入耐碱纤维网格布	1.5	5	5	5	10	云南、贵州、广西
			（0）	（0）	（0*）	（0*）	
		1.2	10	10	10	25*	重庆、四川、广西
			（5）	（5）	（5*）	（10*）	
		1.0	20*	20*	15*	35*	重庆、四川、贵州、广西、云南
			（15*）	（15*）	（10*）	（25*）	
		0.8	25*	25*	20*	55*	重庆、四川、贵州、广西、云南
			（20*）	（20*）	（15*）	（45*）	
		0.7	35*	35*	25*	70*	重庆、四川、贵州、广西、云南
			（30*）	（30*）	（20*）	（60*）	
		0.6	40*	40*	30*	—	重庆、四川、贵州、广西、云南
			（35*）	（35*）	（25*）	（75*）	

续表

类型	构造（mm）	传热系数 K W/（m²·K）	保温材料厚度（mm）				适用地区
			挤塑聚苯乙烯板（R=0.139）	模塑聚苯乙烯板（R=0.099）	硬发泡聚氨酯（R=0.182）	胶粉聚苯颗粒（R=0.064）	
竹/木材挂板外保温墙体	4.保温层 5.粘结材料 6.墙体基层（200厚混凝土多孔砖或180厚钢筋混凝土） 7.饰面层（水泥砂浆）	0.5	55* （50*）	55* （50*）	40* （35*）	— （—）	重庆、四川、贵州、广西、云南
		0.45	60* （55*）	60* （55*）	45* （40*）	— （—）	云南
		0.4	70* （65*）	70* （65*）	50* （50*）	— （—）	重庆、云南
轻木结构保温	 1.厚木质结构板 2.粘结层 3.保温层 4.抹面层（5~8厚聚合物砂浆保护层压入耐碱纤维网格布） 5.饰面层（腻子） 6.轻木（钢）龙骨	1.5	15	15	10	35	云南、贵州、广西
		1.2	20	20	15	45	重庆、四川、广西
		1.0	30	30	20	60	重庆、四川、贵州、广西、云南
		0.8	35	35	25	80	重庆、四川、贵州、广西、云南
		0.7	45	45	30	—	重庆、四川、贵州、广西、云南
		0.6	50	50	40	—	重庆、四川、贵州、广西、云南
		0.5	65	65	45	—	重庆、四川、贵州、广西、云南
		0.45	70	70	50	—	云南
		0.4	80	80	60	—	重庆、云南
木板墙内保温	 1.厚木质结构板 2.粘结层 3.保温层 4.粘结层 5.10厚饰面木板	1.5	15	15	10	30	云南、贵州、广西
		1.2	20	20	15	40	重庆、四川、广西
		1.0	25	25	20	55	重庆、四川、贵州、广西、云南
		0.8	35	35	25	75	重庆、四川、贵州、广西、云南
		0.7	40	40	30	90	重庆、四川、贵州、广西、云南
		0.6	50	50	35	—	重庆、四川、贵州、广西、云南
		0.5	60	60	45	—	重庆、四川、贵州、广西、云南
		0.45	70	70	50	—	云南
		0.4	80	80	55	—	重庆、云南

续表

类型	构造（mm）		传热系数 K W/(m²·K)	保温材料厚度（mm）				适用地区
				挤塑聚苯乙烯板（R=0.139）	模塑聚苯乙烯板（R=0.099）	硬发泡聚氨酯（R=0.182）	胶粉聚苯颗粒（R=0.064）	
井干式外装饰内保温	机械紧固件	1. 原木楞 2. 轻质黏土 3. 钢丝网 4. 粘结层 5. 保温层 6. 抹面层 7. 饰面层（腻子）	1.5	0*	0*	0*	0	云南、贵州、广西
			1.2	0*	0*	0*	0*	重庆、四川、广西
			1.0	5*	5*	5*	5*	重庆、四川、贵州、广西、云南
			0.8	15*	15*	10*	25*	重庆、四川、贵州、广西、云南
			0.7	20*	20*	15*	40*	重庆、四川、贵州、广西、云南
			0.6	30*	30*	20*	60*	重庆、四川、贵州、广西、云南
			0.5	40*	40*	30*	85*	重庆、四川、贵州、广西、云南
			0.45	50*	50*	35*	—	云南
			0.4	60*	60*	40*	—	重庆、云南
竹材外装饰内保温		1. 支撑纵向竹竿的钢制框架 2. 竹竿(仅装饰作用) 3. 防风和防水层 4. 20厚水泥刨花板 5. 保温层 6. 内饰面	1.5	20	20	15	35*	云南、贵州、广西
			1.2	25*	25*	20	50*	重庆、四川、广西
			1.0	30*	30*	20	65*	重庆、四川、贵州、广西、云南
			0.8	40*	40*	30*	—	重庆、四川、贵州、广西、云南
			0.7	45*	45*	35*	—	重庆、四川、贵州、广西、云南
			0.6	55*	55*	40*	—	重庆、四川、贵州、广西、云南
			0.5	65*	65*	45*	—	重庆、四川、贵州、广西、云南
			0.45	75*	75*	55*	—	云南
			0.4	—	—	60*	—	重庆、云南
叠砌石材内保温		1. 叠砌石材 2. 粘结层与空气层 3. 保温层 4. 抹面层（玻璃纤维网布） 5. 水泥砂浆	1.5	15*	15*	10*	30*	云南、贵州、广西
			1.2	20*	20*	15*	40*	重庆、四川、广西
			1.0	25*	25*	20*	55*	重庆、四川、贵州、广西、云南
			0.8	35*	35*	25*	75*	重庆、四川、贵州、广西、云南
			0.7	40*	40*	30*	—	重庆、四川、贵州、广西、云南
			0.6	50*	50*	35*	—	重庆、四川、贵州、广西、云南

类型	构造（mm）	传热系数 K W/(m²·K)	保温材料厚度（mm）				适用地区
			挤塑聚苯乙烯板（R=0.139）	模塑聚苯乙烯板（R=0.099）	硬发泡聚氨酯（R=0.182）	胶粉聚苯颗粒（R=0.064）	
同上	同上	0.5	60*	60*	45*	—	重庆、四川、贵州、广西、云南
		0.45	70*	70*	50*	—	云南
		0.4	80*	80*	55*	—	重庆、云南
		0.35	—	—	65*	—	云南
		0.3	—	—	80*	—	云南
湿贴石板外保温	1. 石板饰面（夹胶水闭缝）　2. 水泥砂浆（弯折铝板插入石材短槽，另一侧用钢钉固定于基层）　3. 保温层　4. 墙体基层（200厚混凝土多孔砖或180厚钢筋混凝土）　5. 水泥砂浆	1.5	15*（20）	15*（20）	10（15*）	30*（30）	云南、贵州、广西
		1.2	20*（25*）	20*（25*）	15*（20）	40（45）	重庆、四川、广西
		1.0	30*（30*）	30*（30*）	20*（20）	50（55）	重庆、四川、贵州、广西、云南
		0.8	35*（40*）	35*（40*）	25*（30*）	65（75）	重庆、四川、贵州、广西、云南
		0.7	45*（45*）	45*（45*）	30*（35*）	—	重庆、四川、贵州、广西、云南
		0.6	50*（55*）	50*（55*）	35*（40*）	—	重庆、四川、贵州、广西、云南
		0.5	65*（65*）	65*（65*）	45*（50*）	—	重庆、四川、贵州、广西、云南
		0.45	70*（75*）	70*（75*）	50*（55*）	—	云南
		0.4	—（—）	—（—）	60*（60*）	—	重庆、云南
		0.35	—	—	65*	—	云南

续表

类型	构造（mm）	传热系数 K W/(m²·K)	挤塑聚苯乙烯板（R=0.139）	模塑聚苯乙烯板（R=0.099）	硬发泡聚氨酯（R=0.182）	胶粉聚苯颗粒（R=0.064）	适用地区
同上	同上	0.35	—	—	（70*）	—	云南
		0.3	—	—	80*	—	云南
			—	—	（80*）	—	
湿贴文化石外保温	 1. 文化石板 2. 水泥砂浆（与钢筋网片绑扎于钢筋网上） 3. 保温层（与插筋固定） 4. 墙体基层（200 厚混凝土多孔砖或 180 厚钢筋混凝土） 5. 水泥砂浆	1.5	15	15	10	30*	云南、贵州、广西
			（10*）	（10*）	（10*）	（20*）	
		1.2	20	20	15	45*	重庆、四川、广西
			（15*）	（15*）	（10*）	（35*）	
		1.0	20	20	20	60*	重庆、四川、贵州、广西、云南
			（20*）	（20*）	（15*）	（45*）	
		0.8	35*	35*	25	75*	重庆、四川、贵州、广西、云南
			（30*）	（30*）	（25*）	（65*）	
		0.7	（45*）	（45*）	30	—	重庆、四川、贵州、广西、云南
			40*	40*	（25*）	—	
		0.6	（50*）	（50*）	35*	—	重庆、四川、贵州、广西、云南
			（45*）	（45*）	（35*）	—	
		0.5	65*	65*	45	—	重庆、四川、贵州、广西、云南
			（60*）	（60*）	（40*）	—	
		0.45	70*	70*	50*	—	云南
			（65*）	（65*）	（45*）	—	
		0.4	80*	80*	60*	—	重庆、云南
			（75*）	（75*）	（55*）	—	
		0.35	—	—	65*	—	云南
			—	—	（65*）	—	
		0.3	—	—	80*	—	云南

续表

类型	构造（mm）	传热系数 K W/(m²·K)	保温材料厚度（mm）				适用地区
			挤塑聚苯乙烯板（R=0.139）	模塑聚苯乙烯板（R=0.099）	硬发泡聚氨酯（R=0.182）	胶粉聚苯颗粒（R=0.064）	
同上	同上	0.3	—	—	（75*）	—	云南
干挂石材外保温	1. 25厚石材板　2. 龙骨与空气间层　3. 5~8厚聚合物砂浆保护层压入耐碱纤维网格布　4. 保温层　5. 粘结材料　6. 墙体基层（200厚混凝土多孔砖或180厚钢筋混凝土）　7. 水泥砂浆	1.5	10	10	10	20	云南、贵州、广西
			（5）	（5）	（5）	（5）	
		1.2	15	15	10	30	重庆、四川、广西
			（10）	（10）	（10）	（20*）	
		1.0	20	20	15	45*	重庆、四川、贵州、广西、云南
			（15）	（15）	（10）	（35*）	
		0.8	30	30	25	65*	重庆、四川、贵州、广西、云南
			（25）	（25）	（20）	（50*）	
		0.7	40	40	25	80*	重庆、四川、贵州、广西、云南
			（30*）	（30*）	（25）	（65*）	
		0.6	45	45	35	—	重庆、四川、贵州、广西、云南
			（40*）	（40*）	（30*）	—	
		0.5	60*	60*	40	—	重庆、四川、贵州、广西、云南
			（55*）	（55*）	（40*）	—	
		0.45	65*	65*	45	—	云南
			（60*）	（60*）	（45*）	—	
		0.4	75	75	55*	—	重庆、云南
			（70*）	（70*）	（50*）	—	
		0.35	—	—	65	—	云南
			—	—	（60*）	—	
		0.3	—	—	75	—	云南
			—	—	（70*）	—	

3.4　屋面

3.4.1　坡屋面

西南地区本土建筑常见坡屋面主要有小青瓦坡屋面、筒板瓦坡屋面、石板瓦坡屋面、瓦板坡屋面、小缅瓦坡屋面。

1）传统构造做法

（1）小青瓦屋面和筒板瓦屋面

汉、土家、苗、侗、壮族民居屋面均为小青瓦屋面或筒板瓦屋面，这两种屋面做法相似，采用冷摊瓦或铺望板两种构造做法，由檩上面钉的椽子和铺设的瓦构成，具体过程如下：

① 先在檩条上铺椽（桷子），檩上承托椽板的组合形式主要有间布式和密布式两种。间布式是指椽板上盖瓦，椽板间是沟瓦，比较节约材料。密布式主要用于堂屋部分，椽板紧挨着架在檩条上，屋内一般看不到瓦片。一般情况下按照"三八桷子四寸沟"的原则，即椽子宽度为 3 寸 8，而椽子搭在檩条上，彼此之间的间距为 4 寸（瓦沟为 4 寸）。

② 在椽子檐端用铁钉钉一块木板，作挡瓦板。

③ 在挡瓦板与椽子交接处上铺一垫瓦。

④ 在椽端头安装封檐板，封檐板有直边和曲花边两种，安装方式可以封檐板开口插接和钉接两种，封檐板之间采用企口连接。

⑤ 从檐端反过来向上铺瓦，先铺一层底瓦，再铺盖瓦。铺瓦的方向是从檐口往屋脊方向。

⑥ 在瓦的端头加装饰性垫砖。

| （a）冷摊瓦屋面内部 | （b）冷摊瓦屋面外部 | （c）铺望板屋面内部 | （d）铺望板屋面外部 |

图 3-19　小青瓦屋面

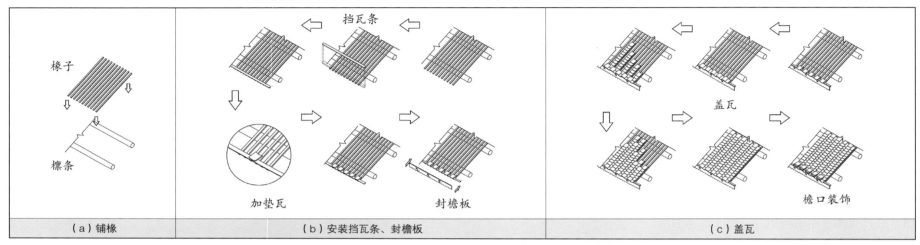

图 3-20　冷摊瓦构造做法

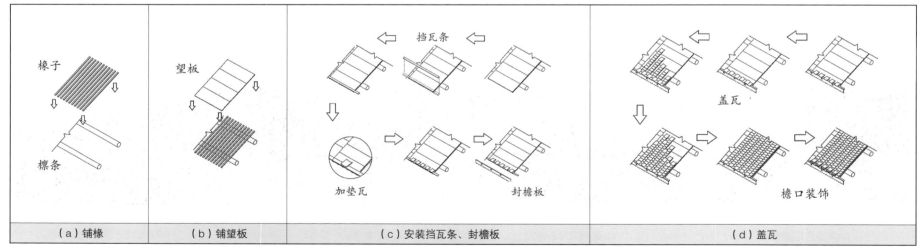

图 3-21　铺望板构造做法

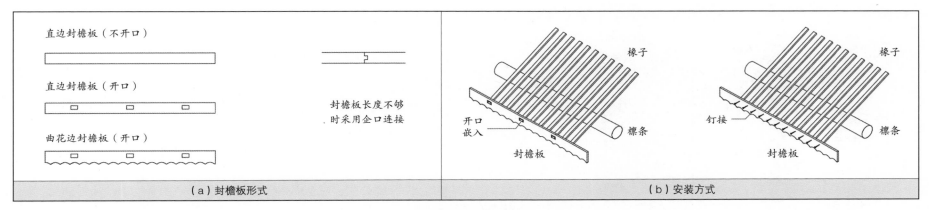

图 3-22　安装封檐板

⑦ 屋脊形式见图 3-23。

⑧ 檐口形式：滇南地区常见封檐做法为多砖一瓦，其中"三砖一瓦"最为常见，而在滇中及一部分滇南地区"一颗印"民居封檐做法更多都是采用"一砖多瓦"的做法，一般有"一砖三瓦""一砖四瓦"等。

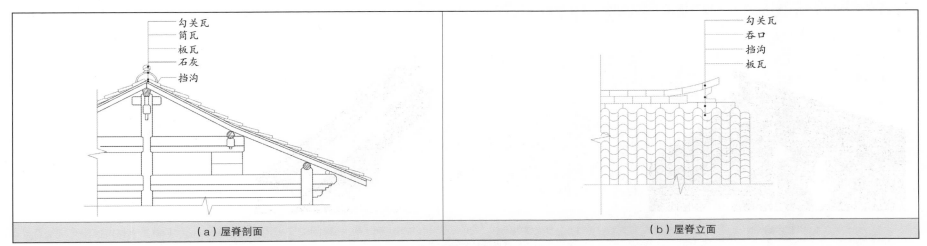

图 3-23　屋脊形式

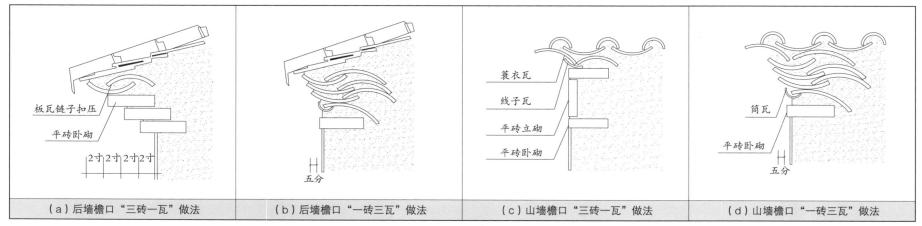

| （a）后墙檐口"三砖一瓦"做法 | （b）后墙檐口"一砖三瓦"做法 | （c）山墙檐口"三砖一瓦"做法 | （d）山墙檐口"一砖三瓦"做法 |

图 3-24　檐口做法

⑨ 封火檐做法：大理白族民居的硬山式"封火檐"使用一种叫做"风火石"的特制薄石板这（是对地方材料的灵活运用）封住后檐和山墙的悬出部分，起到防风作用，外观整齐光滑，同时有效防止了山墙处蹿火。风火石讲究平放，斜置的风火石在下雨时会导致回水将墙体冲坏，使墙体的坚固性遭到削弱。封火檐有两种做法：一种是使用一根飞檐梁，将风火石卡在挑檐桁与飞檐梁中间；一种是没有飞檐梁，将风火石摆在墙头上，这是一种相对简陋的做法，因为墙头一倒，风火石也就随之毁坏。

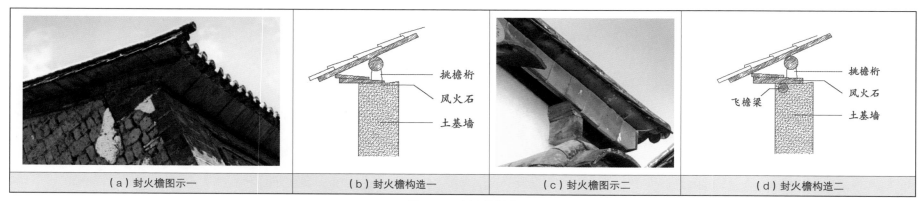

| （a）封火檐图示一 | （b）封火檐构造一 | （c）封火檐图示二 | （d）封火檐构造二 |

图 3-25　封火檐做法

（2）瓦板坡屋面

　　彝族的闪片房屋顶通常使用杉木做成的瓦板。选择原始森林中挺拔无结疤的杉木为原料，加工成纹路清晰、质地坚固的"瓦板"。在盖房时上梁后盖以木瓦板，从檐口横向竖盖铺满，再用石块铺压在其上，由于瓦板上自然形成沟状纹路，雨雪水可以顺其纹理流淌而下，不易腐朽。

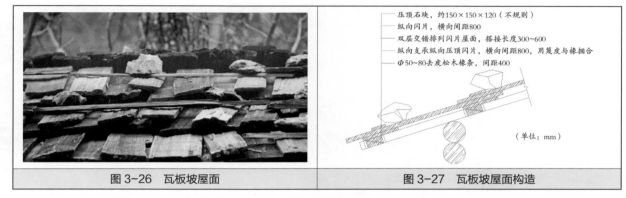

| 图 3-26　瓦板坡屋面 | 图 3-27　瓦板坡屋面构造 |

（3）石板瓦坡屋面

　　布依族石板瓦屋面用的瓦有的是规则的，有的是不规则的。以规则石板瓦屋面为例，首先在檐部板椽上钉一根木枋，再在其上铺第一道石板，以使檐部翘起更高。一般石板长边平行檐口，错缝铺第二道的同时，遇到第一道石板的缝隙要旋转石板，使长边垂直于檐口，将第一道石板缝隙全部盖住。其后继续错缝铺。第二道石板瓦盖住第一道 40 cm 左右，压二漏一，以保证每一截面都有 2~3 块石板，提高屋面防雨性能。

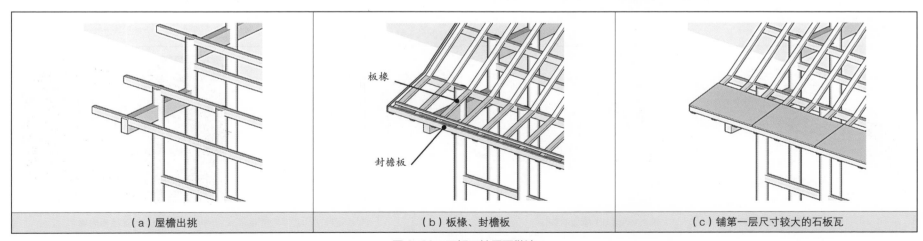

| （a）屋檐出挑 | （b）板椽、封檐板 | （c）铺第一层尺寸较大的石板瓦 |

图 3-28　石板瓦坡屋面做法

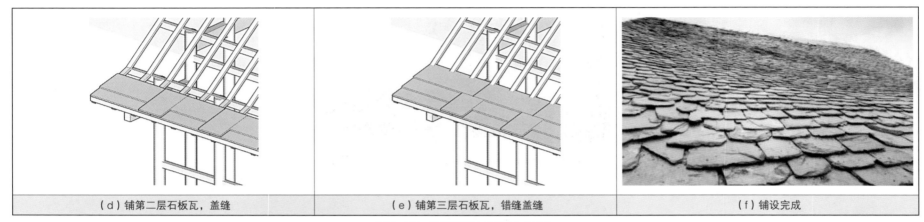

| （d）铺第二层石板瓦，盖缝 | （e）铺第三层石板瓦，错缝盖缝 | （f）铺设完成 |

图 3-28　石板瓦坡屋面做法（续）

（4）小缅瓦屋面

　　小缅瓦是傣族烧制的一种一头带钩的平瓦，基本尺寸为 100mm×200mm。铺设时，用瓦头的小钩钩住挂瓦条，一般上下错缝铺设两层。上层称为公瓦，下层称为母瓦。小缅瓦屋面通常不做保温、隔热层，不铺设背瓦进行遮挡，室内也没有吊顶。由于瓦有微小的弧度，双层瓦之间有空隙，上下瓦之间压盖 60mm 左右。

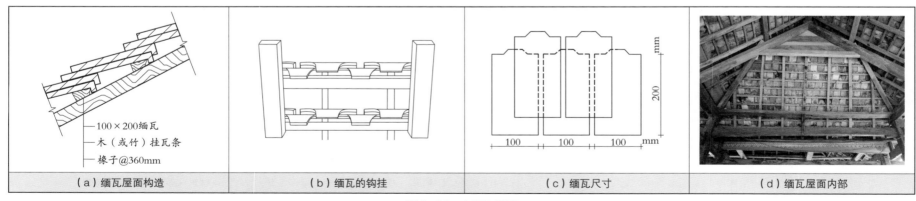

| （a）缅瓦屋面构造 | （b）缅瓦的钩挂 | （c）缅瓦尺寸 | （d）缅瓦屋面内部 |

图 3-29　小缅瓦屋面

2）现代坡屋面做法

（1）传统屋面的改良

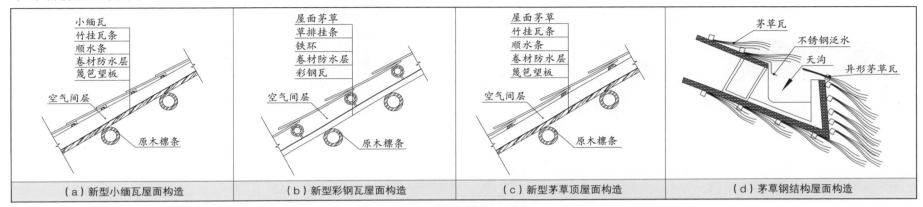

图 3-30　传统屋面的改良

（2）常见坡屋面材料及构造

① 沥青瓦：隔热、保温、屋顶承重轻，施工简便、经久耐用、抗风、防尘自洁。

② 琉璃瓦：强度高、平整度好，吸水率低、抗折、抗冻、耐酸碱、永不褪色。

③ 彩石金属瓦：镀铝锌钢板再添加烧结彩砂做保护层，美观、轻巧、耐用、环保。

④ 合成树脂瓦：强度高、平整度好，吸水率低、抗折、抗冻、耐酸碱、永不褪色。

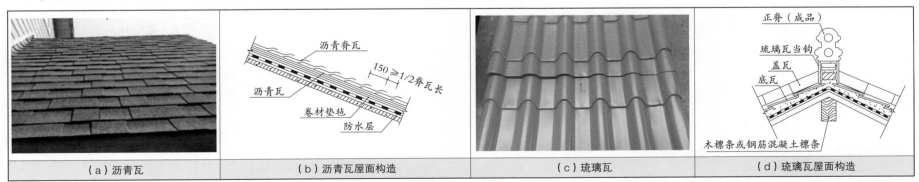

图 3-31　常见坡屋面构造

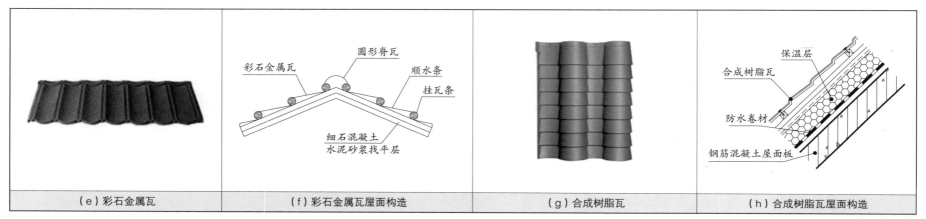

（e）彩石金属瓦	（f）彩石金属瓦屋面构造	（g）合成树脂瓦	（h）合成树脂瓦屋面构造

图 3-31　常见坡屋面构造（续）

3.4.2　平屋面

1）土掌房夯土屋面

　　土掌房屋面的构造大致分为四层，由下而上分别是原木次梁、撇子层、黏土夯筑层、素土夯筑层。原木次梁为上层生土的夯筑提供了一个坚实的基础，而柴草拌泥由竹片、荆条或者松毛构成的撇子层为生土的铺设形成一个良好的平台，之上的黏土夯筑层起到防止渗水的作用，最上方的素土夯筑层则是土掌房的保温隔热层并使屋顶形成活动平台。生土必须要夯实，才能保证屋顶的坚固性与防透水性。

　　对于经济条件较好的人家，屋顶上还添加一层石灰防水层，直接将雨水隔绝在屋顶构造层之外。为了有组织排水并加固屋面，土掌房的平顶边缘加设一圈"土锅圈"，并做一定的找坡处理，在低点布置排水口，使雨水不会在屋顶聚集，减少屋顶被积水侵蚀的时间，增加土顶的耐久性。出檐一般在50~70cm左右。另一种出檐方式为坡屋面出挑檐，是一种平屋顶与坡屋面混合的结构体系。挑梁上承托挑檐檩和挑檐枋，其上布置椽条，铺设土瓦。受到原有平屋面结构技术的影响，坡屋面端部还是用"土锅圈"做压顶，同时处理坡屋面与平屋顶的交接部位的漏水问题。

2）碉楼夯土屋面

　　羌族碉楼屋面的最下层是木板或石板，伸出墙外成屋檐。木板或石板上密覆树丫或竹枝，再压盖黄土和鸡粪夯实，厚约35cm，有洞槽引水，不漏雨雪，同时又保证了室内"冬暖夏凉"的舒适需求。

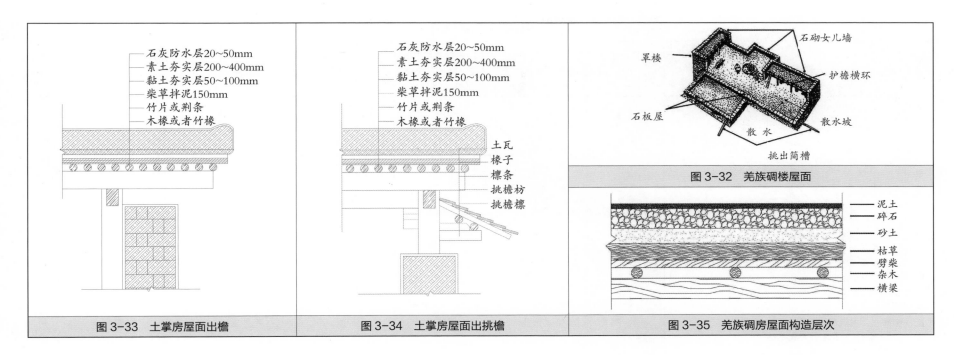

图 3-33　土掌房屋面出檐　　　图 3-34　土掌房屋面出挑檐　　　图 3-32　羌族碉楼屋面

图 3-35　羌族碉房屋面构造层次

3.4.3　屋面保温

传统做法的屋面热工性能如表 3-4 所示。

传统屋面热工性能 表 3-4

屋面	坡屋面			平屋面
	小青瓦屋面	缅瓦屋面	筒板瓦屋面	夯土屋面
热阻 R[（m² · K）/W]	0.21	0.12	—	2.34
热惰性 D	0.48	0.20	—	4.14

传统做法屋面并不能达到现行建筑节能设计标准，当需要做传统风貌屋面时，可根据各地方标准要求，查询各构造形式保温做法（表 3-5）。其中，* 表示该结构整体热惰性指数 $D \geqslant 2.5$。

各构造形式保温做法

表 3-5

类型	构造（mm）	传热系数 K W/（m²·K）	保温材料厚度（mm）				适用地区
			挤塑聚苯乙烯板 （R=0.139）	模塑聚苯乙烯板 （R=0.099）	硬发泡聚氨酯 （R=0.182）	胶粉聚苯颗粒 （R=0.064）	
两道防水/有保温层/挂瓦	1. 平瓦 2. 挂瓦条 30×30 3. 顺瓦条 30×30 4. 20厚1:3水泥砂浆 5. 保温层 6. 防水卷材或防水涂膜 7. 20厚1:3水泥砂浆找平层 8. 现浇钢筋混凝土屋面100厚 9. 板底抹灰（15厚）	1.0	15	15	10	30*	云南、贵州、广西
		0.9	20	20	15	35*	云南、贵州、广西
		0.8	25	25	15	45*	重庆、四川、贵州、广西、云南
		0.6	40*	40*	30	80*	重庆、四川、贵州、广西、云南
		0.5	50*	50*	35	105*	重庆、四川、贵州、广西、云南
		0.45	60*	60*	40*	125*	云南
		0.4	70*	70*	50*	145*	云南、广西
		0.35	80*	80*	60*	175*	云南
		0.28	105*	105*	75*	230*	云南
		0.2	160*	160*	110*	340*	云南
两道防水/有保温层	1. 小青瓦 2. 1:3水泥砂浆卧瓦层，最薄处25 3. 20厚1:3水泥砂浆找平层 4. 保温层	1.0	15*	15*	10*	25*	云南、贵州、广西
		0.9	15*	15*	15*	35*	云南、贵州、广西
		0.8	20*	20*	15*	45*	重庆、四川、贵州、广西、云南
		0.6	35*	35*	25*	80*	重庆、四川、贵州、广西、云南
		0.5	50*	50*	35*	105*	重庆、四川、贵州、广西、云南
		0.45	55*	55*	40*	120*	云南

续表

类型	构造（mm）	传热系数 K W/（m²·K）	保温材料厚度（mm）				适用地区
			挤塑聚苯乙烯板 （R=0.139）	模塑聚苯乙烯板 （R=0.099）	硬发泡聚氨酯 （R=0.182）	胶粉聚苯颗粒 （R=0.064）	
同上	5. 防水卷材或防水涂膜 6. 20厚1:3水泥砂浆找平层 7. 现浇钢筋混凝土屋面（100） 8. 板底抹灰（15）	0.4	65*	65*	50*	145*	云南、广西
		0.35	80*	80*	55*	170*	云南
		0.28	105*	105*	75*	225*	云南
		0.2	155*	155*	110*	340*	云南
倒置式	1. 35厚细石混凝土保护层 2. 干铺无纺聚氨酯纤维布一层 3. 保温层 4. 柔性防水层1~3道 5. 20厚1:2.5水泥砂浆找平层 6. 100厚钢筋混凝土结构层 7. 15厚混合砂浆粉刷	1.0	25	25	20	55	云南、贵州、广西
		0.9	30	30	20	65*	云南、贵州、广西
		0.8	35	35	25	75*	重庆、四川、贵州、广西、云南
		0.6	50	50	35	105*	重庆、四川、贵州、广西、云南
		0.5	60	60	45	130*	重庆、四川、贵州、广西、云南
		0.45	70	70	50	150*	云南
		0.4	80	80	55	170*	云南、广西
		0.35	95*	95*	65	200*	云南
		0.28	120*	120*	85	255*	云南
		0.2	170*	170*	120*	365*	云南
封闭式	1. 40厚钢筋混凝土防水层/20厚1:2.5水泥砂浆保护层 2. 刚性防水屋面1~2道（平均厚度按2计）柔性防水屋面1~2道（平均厚度按3计） 3. 20厚1:3水泥砂浆找平	1.0	25	25	20	50*	云南、贵州、广西
		0.9	30	30	30	60*	云南、贵州、广西
		0.8	35	35	35	70*	重庆、四川、贵州、广西、云南
		0.6	50	50	50	100*	重庆、四川、贵州、广西、云南
		0.5	60*	60*	60*	130*	重庆、四川、贵州、广西、云南
		0.45	70*	70*	70*	145*	云南

续表

类型	构造（mm）	传热系数 K W/（m²·K）	保温材料厚度（mm）				适用地区
			挤塑聚苯乙烯板（R=0.139）	模塑聚苯乙烯板（R=0.099）	硬发泡聚氨酯（R=0.182）	胶粉聚苯颗粒（R=0.064）	
同上	4. 保温层 5. 20 厚 1：3 水泥砂浆找平或结合层 6. 100 厚钢筋混凝土结构层 7. 15 厚混合砂浆粉刷	0.4	80*	80*	80*	165*	云南、广西
		0.35	90*	90*	90*	195*	云南
		0.28	115*	115*	115*	250*	云南
		0.2	170*	170*	170*	360*	云南

3.5 楼地面及门窗

3.5.1 楼地面

西南地区本土建筑常见的室内地面有三合土地面、条石地面与竹木地面。

1）竹木楼地面（图 3-36）

因为湿热气候的缘故，楼板常使用比较轻薄、透气的材料和构造方式，中间间隙也比较大，以利通风和带走室内热量。

竹楼面	木楼面	木板架空地面
透气；拼接不完善；起翘；漏灰；隔声差；易磨损老化；怕雨水浸泡		透气；保温隔热；隔声差；易磨损；怕雨水浸泡

图 3-36 竹木楼地面

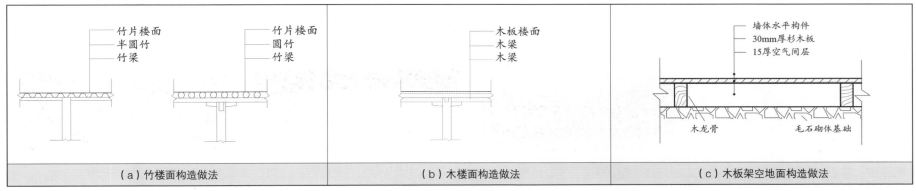

| （a）竹楼面构造做法 | （b）木楼面构造做法 | （c）木板架空地面构造做法 |

图 3-36　竹木楼地面（续）

2）土地面（图3-37~图3-39）

　　本土建筑中常见的土地面有素土地面和三合土地面。三合土地面无需硬质面层材料，仅靠自身物理特性实现地面硬化。素土地面坚固耐久，不易风化，而且抗磨、吸湿性较好，但不美观，且破损后形成坑洼，不易修补。三合土地面的铺装过程主要包括处理地基、拌制三合土、铺设三合土、处理表层四个步骤。

| 图 3-37　素土地面 | 图 3-38　三合土地面 |

| （a）处理地基 | （b）拌制三合土 | （c）铺设三合土 | （d）处理表层 |

图 3-39　三合土地面铺装工序

3）石地面（图 3-40~ 图 3-42）

本土建筑中常见的石地面有条石地面和卵石地面。石地面具有透水、易清洁、取材容易且价格低廉等特点。条石地面铺装工序包括处理基层（碎石三合土压实加固）、弹线定位、铺砌条石、清扫石缝四个步骤。

条石地面		卵石地面
（a）广场、院落条石地面	（b）室内一层条石地面	（a）院落卵石地面
图 3-40 条石地面构造		图 3-41 卵石地面构造

（条石地面构造图注）80 厚青石板／水泥砂浆找平／砂石或碎砾石／素土夯实

（卵石地面构造图注）卵石嵌层／C20 混凝土／素土夯实

（a）处理基层	（b）弹线定位	（c）铺砌条石	（d）清扫石缝

图 3-42 条石地面铺装工序

3.5.2 门窗

1）传统做法（图 3-43、图 3-44）

西南地区本土建筑传统门窗的保温隔热性能都很差，是建筑围护结构中的薄弱环节。几乎所有外门均为单层木板，而窗户多为木格窗扇，有的甚至只有一个窗洞口。

图 3-43　本土建筑中部分常见的外门

图 3-44　本土建筑中部分常见的外窗

图 3-44 本土建筑中部分常见的外窗（续）

2）现代做法

门窗良好的保温隔热性能对于室内热环境的改善也是很重要的。提高门窗的保温隔热性能的一般措施见表 3-6，除表中列举的措施外还有增加节能窗帘和玻璃百叶调光窗户的做法。

提高门窗的保温隔热性能的一般措施　　　　　　　　　　　　　　　　　　　　　　　　表 3-6

策略	保温门窗	窗用玻璃	窗用薄膜	绝热窗框
具体方案	控制窗墙比、提高材料的保温性能、增加门窗层数、提高门窗的气密性	吸热玻璃和热反射玻璃、变色玻璃、复合玻璃	将金属材料附着在高聚物薄膜上，可贴在普通玻璃上	塑料门窗和断热桥型铝合金窗框

在本土建筑中，由于门窗需要有一定的传统风貌，外窗往往在室内侧增加一道节能窗，形成双层窗。不同类型的窗户传热系数比较如表 3-7 所示。

不同类型的窗户的传热系数　　　　　　　　　　　　　　　　　　　　　　　　　　　　表 3-7

窗框材料	钢、铝			木、塑料		
窗户类型	单层窗	单框双玻窗（空气间层 12mm）	双层窗（空气间层 100mm）	单层窗	单框双玻窗（空气间层 12mm）	双层窗（空气间层 100mm）
传热系数	6.4 W/（m²·K）	3.9 W/（m²·K）	3.0 W/（m²·K）	4.7 W/（m²·K）	2.7 W/（m²·K）	2.3 W/（m²·K）
示意图						

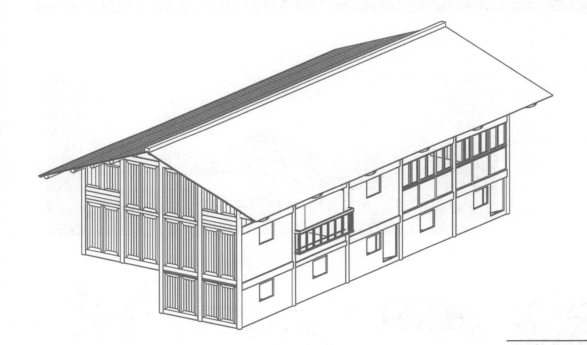

第 4 章

"文绿结合"的当代优秀案例解析

"文绿结合"即立足西南地区多民族文化丰富及气候多样性的特征，分析本地区传统建筑绿色性能的科学机理，提炼传统建筑的地域文化与建筑技术的共生机制，结合现代技术，辩证地传承和吸纳传统建筑营建经验，探究传统绿色建筑技术现代化、现代绿色技术本土化途径，构建地域性绿色建筑设计方法与技术体系，形成满足地域文化需求并具有优异绿色性能的现代绿色建筑解决方案。

4.1 丹寨万达小镇民族文化活动中心

4.1.1 项目简介

丹寨万达小镇位于贵州省丹寨县东湖湖畔，是一座以苗族、侗族本土建筑风格为基础，以非物质文化遗产、苗侗少数民族文化为内核的乡村文旅综合体小镇。民族文化活动中心位于小镇上游，主要功能包括企业团体用餐、年会、大中型宴会、大型会议等，进一步完善了小镇在大型团体接待服务方面的功能。实现了小镇业态对各目标人群用餐、会议、团体活动需求面的全覆盖。

项目用地面积 6010.4m²，总建筑面积 1740.87m²，共一层，由重庆市设计院设计完成，建筑的设计与周边自然环境紧密结合，充分利用东湖水库旁独特的自然环境和地形变化，达到与环境完美融合的效果。

图 4-1　建筑效果图

图 4-2　场地分析图

图 4-3　建筑鸟瞰图

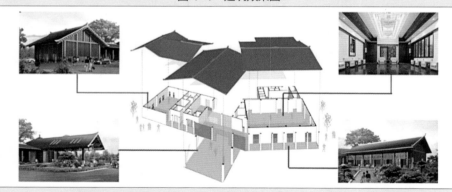

图 4-4　建筑空间模式图

民族文化活动中心周围已经形成了较为完整的建筑格局。周围有配套的小镇剧场和苗年广场，区域发展成熟；临近东湖湖畔，景观得天独厚。

建筑采用化整为零、自由布局的设计策略，充分利用山势自然景观，体现融入自然的建筑理念，展现了丹寨当地苗族文化的特有魅力。

民族文化活动中心内部将落客区、接待大厅、大型会议室、中型会议室四个功能块分别顺应外部的广场、道路、山体、湖岸线布局，形成翼展之势。根据各功能块对空间的不同需求，建筑自然形成高低错落之感。

4.1.2 本土建筑的现代转译

建筑立面采用传统苗、侗族建筑风格，力求打造具有文化底蕴并充满历史韵味的立面效果，同时也将民居的精髓体现在细节设计中。

图 4-5 建筑正立面图

图 4-6 建筑侧立面图

传统苗、侗族建筑元素		丹寨小镇民族文化活动中心设计元素	
穿斗木结构体系，山墙大多不封闭		穿斗木结构体系，山墙仅做装饰，不承重	
凹廊，有"美人靠"可供休憩		有可供休憩的退堂和"美人靠"	
片石堆砌成基，竹编糊泥作墙		用石材或真石漆做墙裙，墙身采用浅色仿木纹材料	
冷摊瓦坡屋面，屋檐出挑		采用油毡瓦坡屋面形式，屋檐同样出挑	

通过对苗族本土建筑及苗族文化符号的深入研究，提取富有特色、最具代表性的文化元素运用到民族文化活动中心的打造中来。

将传统建造手法巧妙移植，同时以苗族最具特色的装饰物、图腾图案等作为点缀，使其更具文化底蕴和历史韵味。

传统苗族装饰元素	丹寨小镇民族文化活动中心装饰元素

4.1.3 地域性现代建筑绿色技术集成

1）缓冲空间

　　丹寨万达小镇民族文化活动中心的设计借鉴了苗、侗族传统民居中的宽廊形式。通过门厅、过廊等过渡空间，形成气候缓冲区。此外，阁楼与檐下回廊空间对太阳辐射同样起到了缓冲作用，也适应当地多雨、凉爽的气候条件，减少了空调能耗。

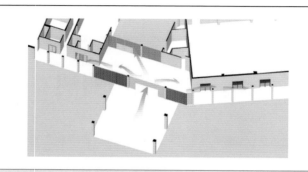

图4-7　门厅宽廊缓冲

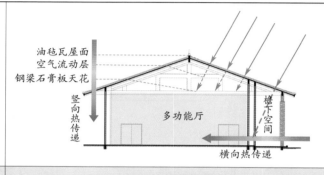

图4-8　阁楼与檐下缓冲

图4-9　实木构件安装节点

2）节点处理

　　为了兼顾建筑立面效果，最终确定的结构形式为混凝土框架结构、钢结构、木结构三种形式。尤其对木结构交接点的处理，既满足了结构安全性，同时也让建筑立面达到预期效果。

　　外墙采用EPS线条装饰线，打造耐久性强、线条流畅的外观效果。

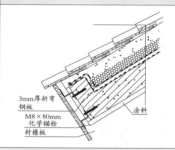

图4-10　屋面檐口节点

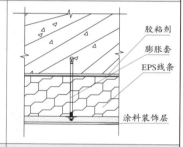

图4-11　EPS安装节点

图4-12　屋面挂瓦加固示意

3）民族特色构件的深化

　　檐口的做法按本土建筑的做法进行了深化；为了应对当地间歇性大风，对屋面挂瓦进行了加固。

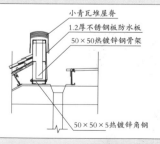

图4-13　实木屋脊安装大样

图4-14　屋面山墙檐口节点

4.2 北川羌族文化中心

4.2.1 项目简介

图 4-15 建筑外观

北川羌族文化中心由著名建筑师崔恺设计，选址位于新县城 58 号街坊内，处于城市中心轴线尽端。设计构思源自羌寨聚落，高低错落的建筑勾画出了曲折有致的城市天际线，"巨大的坡屋面从平地缓缓升起，梁、檐远远出挑，高耸的立柱承托起大跨度的入口前庭"，通透而不呆板，体量巨大却毫无笨重之感。该建筑在展现了羌族本土建筑风貌的同时，又兼顾了现代建筑设计的各种要求，可谓地域性现代建筑设计的典范。

图 4-17 建筑鸟瞰图

图 4-18 建筑外部空间分析

文化中心由图书馆、文化馆、羌族民俗博物馆三部分组成，西南侧有一道河流，通过两条通道连接西南侧的主要道路。中间博物馆位于城市景观轴线的末端，形成了从县城广场到主要道路、到连桥、到建筑前"农田"的引导路线。远望文化中心，如同山势起伏中羌寨若隐若现。

从平面看，三个巨大矩形馆的内部又有许多小的方形功能空间，而小方形之外的空间则作为交通空间，内部的复合型空间可以创造全天候的城市文化空间，开敞的前庭既是富于活力的城市公共空间，又是连接三馆的文化敞廊，可以举办各种文化活动，成为市民交流的城市客厅。

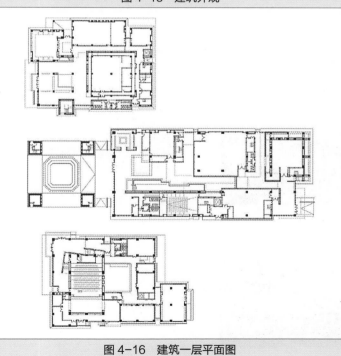
图 4-16 建筑一层平面图

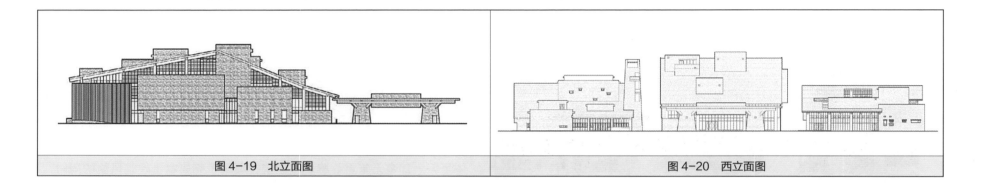

| 图4-19　北立面图 | 图4-20　西立面图 |

4.2.2　本土建筑的现代转译

要素	羌族本土建筑	北川羌族文化中心	转译方式
适应地形	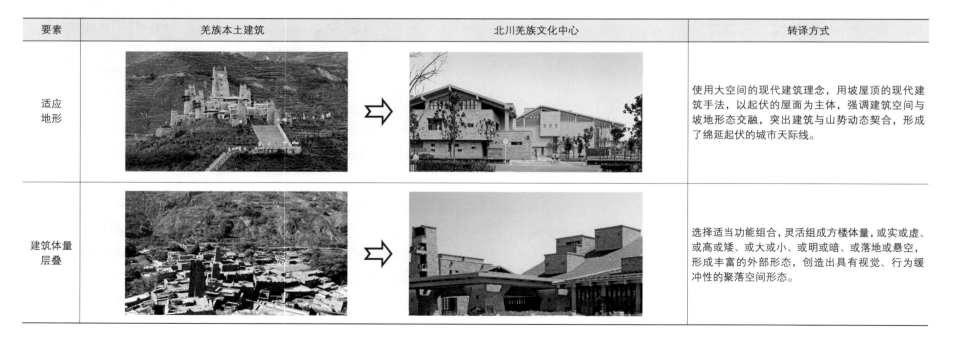		使用大空间的现代建筑理念，用坡屋顶的现代建筑手法，以起伏的屋面为主体，强调建筑空间与坡地形态交融，突出建筑与山势动态契合，形成了绵延起伏的城市天际线。
建筑体量层叠			选择适当功能组合，灵活组成方楼体量，或实或虚、或高或矮、或大或小、或明或暗、或落地或悬空，形成丰富的外部形态，创造出具有视觉、行为缓冲性的聚落空间形态。

要素	羌族本土建筑	北川羌族文化中心	转译方式
羌寨周围常有田地			从本土羌寨中的耕地里"移来了"麦子、水稻和油菜花，种植在地面上隆起的一个个楔形坡地上，高高低低的台地仿佛变成了层层梯田。
方形体量空间			建筑功能空间以羌寨常见的方体为基本元素，根据使用特点，灵活使用方形元素，或为天井、或为中庭、或为平台、或为空间，组合成多变的内部空间，在其间游走仿佛进入曲折神秘的羌寨，可尽情寻找文化脉络，享受知识盛宴。
石材墙体			为模仿本土羌族建筑的石材墙体效果，选择文化石工艺。每个单元文化石板块中预埋钢丝，先绑扎到植入墙体的钢丝网上，再灌浆粘牢。在工匠们的精雕细琢之下，整体界面效果直截了当地展示了羌寨沧桑的质感。
木梁、木栋、木门窗			参考羌族建筑的木梁、木栋、木门窗，用合成的现代材料做仿木门、仿木隔栅，不仅规避了当地气候湿热、多虫对真材实木的破坏，而且还原了本土建筑的风貌，同时也给庞大的建筑体量增添了精致的细节和温馨的色彩。

4.2.3 地域性现代建筑绿色技术集成

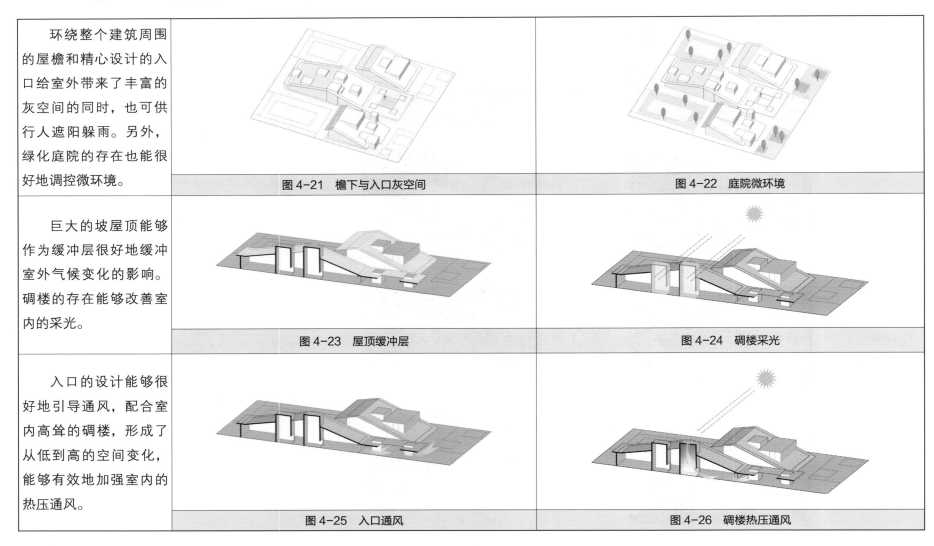

环绕整个建筑周围的屋檐和精心设计的入口给室外带来了丰富的灰空间的同时，也可供行人遮阳躲雨。另外，绿化庭院的存在也能很好地调控微环境。	图 4-21 檐下与入口灰空间 / 图 4-22 庭院微环境
巨大的坡屋顶能够作为缓冲层很好地缓冲室外气候变化的影响。碉楼的存在能够改善室内的采光。	图 4-23 屋顶缓冲层 / 图 4-24 碉楼采光
入口的设计能够很好地引导通风，配合室内高耸的碉楼，形成了从低到高的空间变化，能够有效地加强室内的热压通风。	图 4-25 入口通风 / 图 4-26 碉楼热压通风

4.3　山里江南游客中心

4.3.1　项目简介

山里江南旅游休闲度假区位于贵州省安顺市西秀区旧州镇，距贵阳市约80km，距安顺市28km。西靠大屯山，东抵邢江河，依山傍水。温暖湿润的气候、起伏的喀斯特地貌及蜿蜒的河流水系相互映衬，形成鲜明的江南意境，"山里江南"因此得名。

山里江南游客中心则是一座典型的布依族屯堡民居风格的建筑。石墙石瓦、曲顶碉楼，不缺汉地江南之美，不失布依族屯堡之韵。

图 4-27　山里江南游客中心

山里江南游客中心位于旧州东环路西侧，背靠大屯山，连接景区主入口。山里江南游客中心与景区内各区域形成了良好的空间关系，与大门处于同一轴线便于引导游客前往，建筑前的广场与大片停车区域保证了节假日接待大量客人的能力。该建筑以贵州安顺屯堡文化为蓝本，将自然与人文完美融合。不同文化的差异构成了一个文化宝库，诱发灵感而致设计的创新。一块屯堡石，一个木构人字顶，一件民族服饰，它们彼此融合互相作用，让地域特色嵌入设计，宛如一体。

图 4-28　建筑鸟瞰图

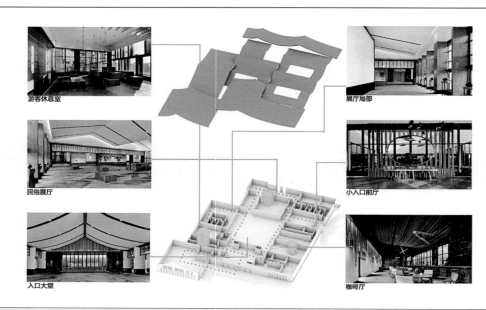

游客休息室

展厅局部

民俗展厅

小入口前厅

入口大堂

咖啡厅

图 4-29 建筑功能分布图

建筑面积为 4745.92m²，分为票务中心、服务大厅、多功能会议厅、VIP 接待室、咖啡吧、屯堡文创品牌旗舰店等区域。建筑规模较大，设施齐全，功能完善，集咨询、导游、商务、休闲、特服商品等功能为一体。同时配有旅游线路指南、景点简介、人工服务、影视介绍等多种媒介，全方位地为游客提供服务。游客中心大厅的设计依旧秉承了当地布依族屯堡民居的文化气质，并结合现代手法强化设计，借鉴枋、檩、椽、梁等元素勾勒空间，体现出别具韵味的建筑之美。原木吧台、如流水跌落的梭子形吊灯，静谧中透露着灵动。室内拙朴的屯堡石与落地窗外摇曳的竹林形成对比，将窗外的景色引入室内。通体的落地窗贯穿始终，既成就了视野，也满足了采光。随景而来的是文化展厅。设计之美是智慧铸就的，不仅如此，设计之美还源自布依族生活的点点滴滴，一片小小的布依族蜡染布，成了室内最好的装饰材料。

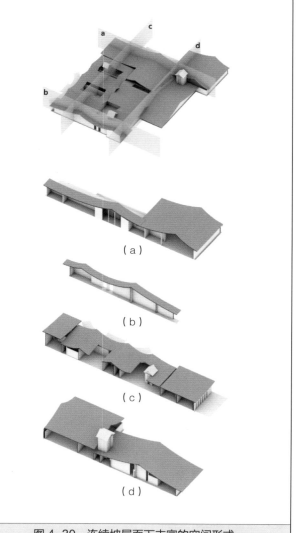

（a）

（b）

（c）

（d）

图 4-30 连续坡屋面下丰富的空间形式

4.3.2 本土建筑的现代转译

要素	本土建筑	山里江南游客中心	要素	本土建筑	山里江南游客中心
体量布局的排比			双坡屋面		
碉楼			石板瓦		
石材墙体			木结构		

4.3.3 地域性现代建筑绿色技术集成

环绕整个建筑周围的屋檐给室外带来了丰富的灰空间，同时也可供行人遮阳躲雨。另外，绿化中庭的存在也能很好地调控微环境。	图4-31　檐下灰空间	图4-32　中庭微环境
巨大的坡屋顶能够作为缓冲层很好地缓冲室外气候变化的影响。中庭和碉楼的存在能够改善室内采光。	图4-33　屋顶缓冲层	图4-34　中庭与碉楼采光
多个中庭的存在能有效加强室内通风效果。高耸的碉楼能够加强室内的热压通风。	图4-35　中庭通风	图4-36　碉楼热压通风

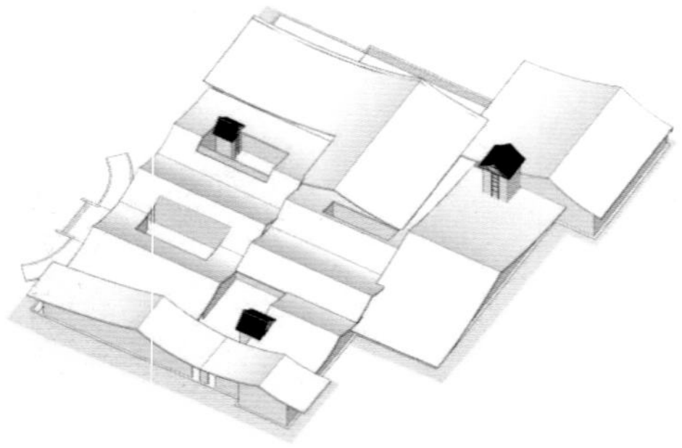

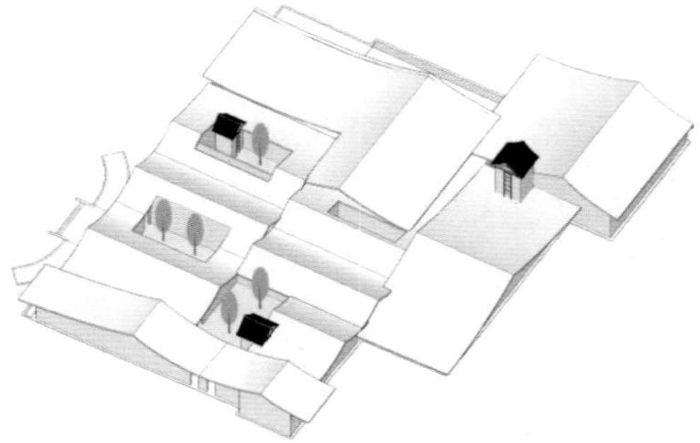

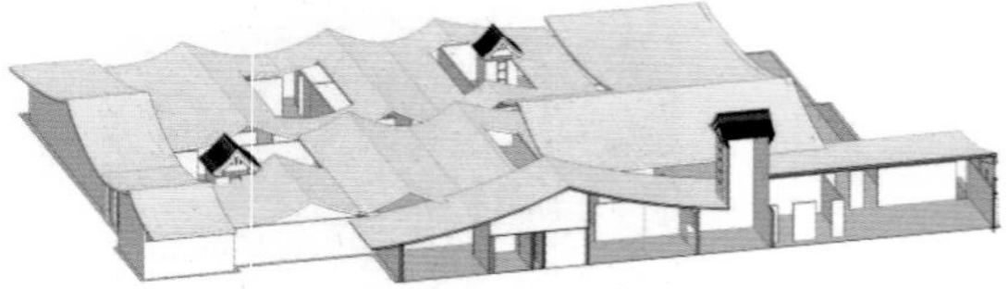

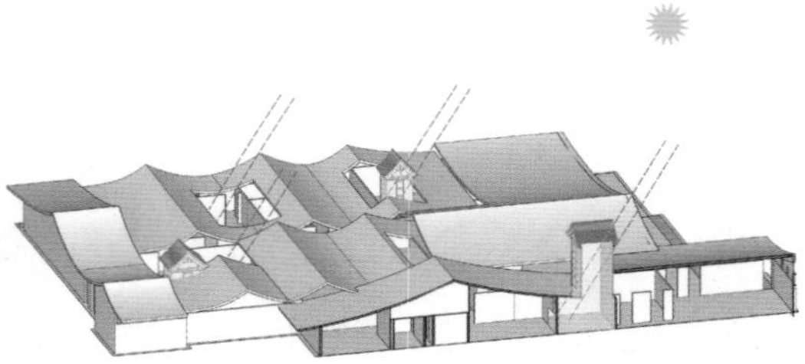

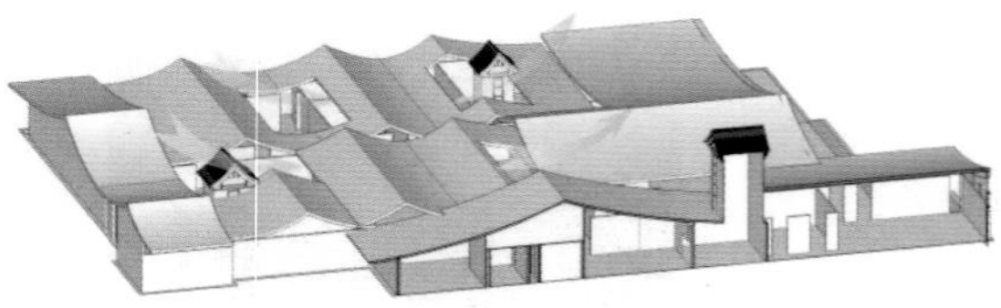

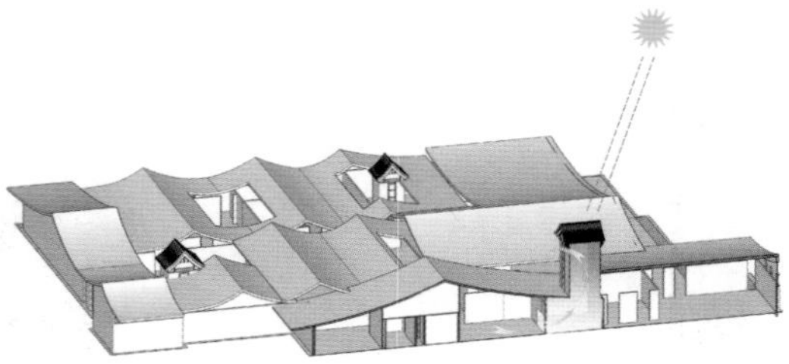

4.4 W-House

4.4.1 项目简介

　　W-House 是由台北设计师王承祖设计的一栋居住建筑，位于湖南张家界。业主为一举家移民的房地产开发商，因醉心于湘西故乡的山水草木，故返回故里选择一处心目中美丽的桃花源，以住宅与私人会所相结合的概念需求，新建一幢楼地板面积超过3000m² 的回廊式新派湘西建筑。

　　本案例在建筑布局上采用土家族常用的三合水布局形式，在建筑外观造型部分体现了湘西土家族建筑独有的厚重文化底蕴，体现民族元素、本土材料、当代设计之精髓，展示粗犷厚实且细腻精雕的木制工艺；彰显浓郁民族风格以及强烈视觉冲击的新派湘西别墅会所设计。而室内设计部分在设计元素方面进行大量筛选，提取最具代表性的装饰：湘西木制雕花、土家织锦、苗鼓苗绣苗银、万字流水纹等，作为视觉印象符号并将其简化，而后融入整体设计当中。

图 4-37　W-House 室外透视图

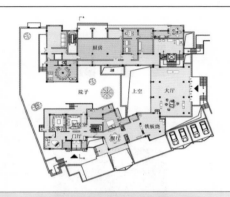

图 4-38　W-House 一层平面图

图 4-39　民族元素门窗室内装饰

图 4-40　民族元素顶棚室内装饰

4.4.2　本土建筑的现代转译

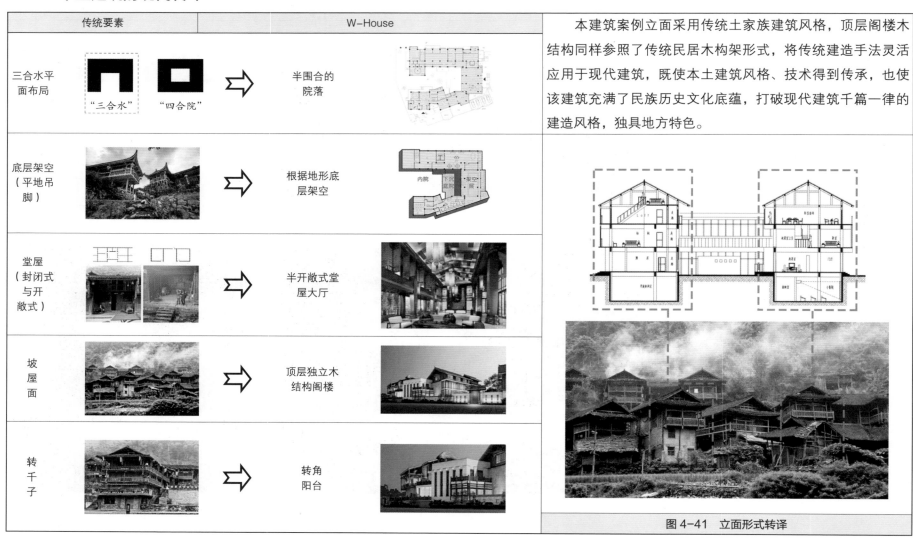

传统要素	W-House	本建筑案例立面采用传统土家族建筑风格，顶层阁楼木结构同样参照了传统民居木构架形式，将传统建造手法灵活应用于现代建筑，既使本土建筑风格、技术得到传承，也使该建筑充满了民族历史文化底蕴，打破现代建筑千篇一律的建造风格，独具地方特色。

图 4-41　立面形式转译

4.4.3 地域性现代建筑绿色技术集成

1）缓冲空间

设计借鉴了土家族传统民居阁楼与檐廊的作用，屋顶阁楼与过廊作为室内与室外的缓冲空间，在夏季，能遮挡阳光，减弱太阳辐射，降低室内气温峰值；在冬季，能减缓室内热量散失，达到保温目的。

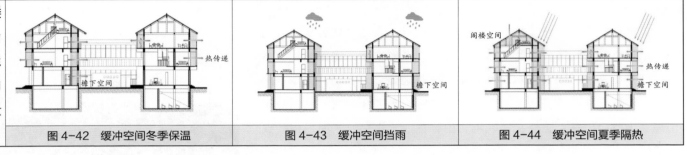

图 4-42 缓冲空间冬季保温　　图 4-43 缓冲空间挡雨　　图 4-44 缓冲空间夏季隔热

2）庭院空间

借鉴土家族传统民居三合水式的平面布局，W-House 运用现代手法，通过不同体块的交错组合，形成了三面围合的地上庭院以及下沉庭院，并合理控制不同体块的高度，既创造出了变化丰富的建筑外观，为人们提供了开敞的室外活动空间，也起到了采光、通风及降温增湿的作用。

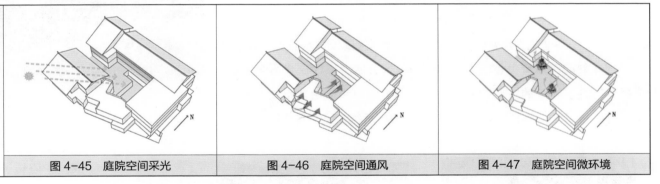

图 4-45 庭院空间采光　　图 4-46 庭院空间通风　　图 4-47 庭院空间微环境

3）半地下空间

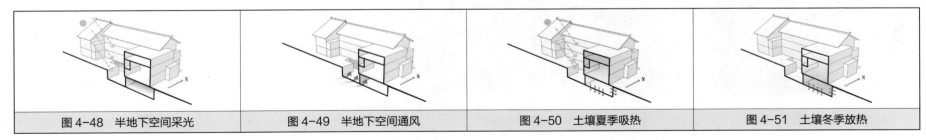

图 4-48 半地下空间采光　　图 4-49 半地下空间通风　　图 4-50 土壤夏季吸热　　图 4-51 土壤冬季放热

4.5 百色干部学院展览中心

4.5.1 项目简介

广西百色干部学院位于广西西部的百色市，在百色城区东南方向约 20km 的百色新区。项目基地山水环绕，地形丰富，沟壑密织，右江逶迤于山峦间，一条溪水自西北来，在基地处汇入右江，由于水坝拦截，汇聚而成一片开阔的水面。基地范围地势变化丰富，同时具有山峰、山谷、山脊。三峰夹持两谷，山脊插入水中，沿水面形成蜿蜒曲折的岸线，有环抱之态。山谷深深向内延伸，形成幽静隐蔽的环境。整体地形东北高起。山形线条柔和，植物浓密茂盛，基地本身具有非常好的自然生态和景观。项目用地面积约为 41.9hm^2，总建筑面积达 95373m^2。一期建筑占总建筑面积的 80%，包括行政区、会议区、教室、图书馆、餐厅、体育中心、学生宿舍和教工公寓，二期仅余留学生宿舍部分待建。学院的主要功能为供进修学员学习和生活，此外，为使资源有效利用，还考虑将会议中心对外开放，承接会议、宴会等活动。

图 4-52　百色干部学院全貌

图 4-53　展览中心鸟瞰

图 4-54　展览中心局部

展览中心位于最东边小山的西坡，靠近湖面。总体的布局由单体建筑组成，如同民居聚落状的群组，沿着等高线的方向伸展铺开，前后排的单体建筑随着山势跌落。建筑有机结合了自然地貌，通过群体的组织表达山地建筑的空间意境。借鉴壮族传统建筑敞廊设计，建筑群通过一系列室外的灰空间流线便将这一区域整个串通起来，形成丰富有趣的立面及空间。

4.5.2 本土建筑的现代转译

传统壮族建筑设计要素	百色干部学院展览中心	传统壮族建筑设计要素	百色干部学院
线性的、渐进引入式的入口空间		坡屋面	
敞廊		低矮的檐口	
底层架空		虚实变化丰富的立面	
廊道连接		石材与木材的应用	

4.5.3 地域性现代建筑绿色技术集成

1）廊道和大厅

在展览中心的设计中，部分走廊以及建筑之间的连廊完全开敞，成为灰空间，尽可能通过遮阳等设计提高在炎热季节时的舒适度。学员接待大厅入口被设计成渐进式的入口，既富有空间节奏的变化，又形成一系列的气候缓冲空间，起到了降温通风的作用。

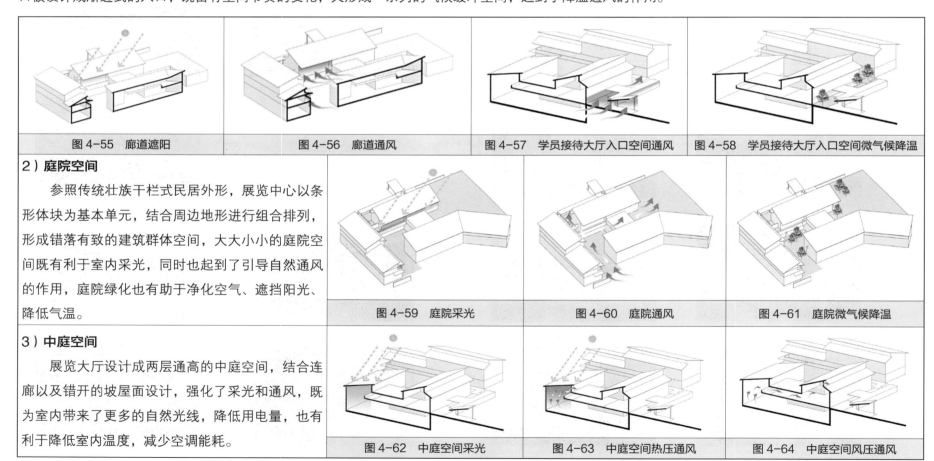

| 图4-55 廊道遮阳 | 图4-56 廊道通风 | 图4-57 学员接待大厅入口空间通风 | 图4-58 学员接待大厅入口空间微气候降温 |

2）庭院空间

参照传统壮族干栏式民居外形，展览中心以条形体块为基本单元，结合周边地形进行组合排列，形成错落有致的建筑群体空间，大大小小的庭院空间既有利于室内采光，同时也起到了引导自然通风的作用，庭院绿化也有助于净化空气、遮挡阳光、降低气温。

| 图4-59 庭院采光 | 图4-60 庭院通风 | 图4-61 庭院微气候降温 |

3）中庭空间

展览大厅设计成两层通高的中庭空间，结合连廊以及错开的坡屋面设计，强化了采光和通风，既为室内带来了更多的自然光线，降低用电量，也有利于降低室内温度，减少空调能耗。

| 图4-62 中庭空间采光 | 图4-63 中庭空间热压通风 | 图4-64 中庭空间风压通风 |

4）半地下空间

　　展览中心位于最东边小山的西坡，靠近湖面。展览中心所在是山体绵延的最末端，地势却并不平缓，西坡的坡度多在 25% 以上，因此也形成了一些半地下空间。半地下空间一方面与庭院结合，增强了采光与自然通风，另一方面，利用土壤热惰性及蓄热性能好的特点，在夏季吸收室内热量，降低室内气温，在冬季释放热量，提高室内气温。

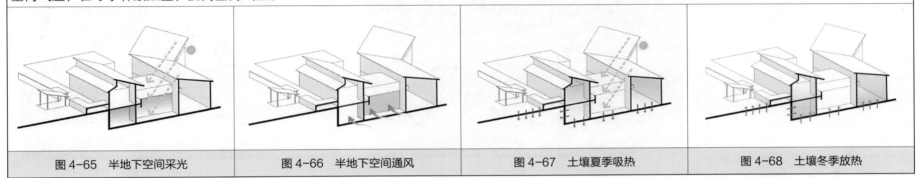

| 图 4-65　半地下空间采光 | 图 4-66　半地下空间通风 | 图 4-67　土壤夏季吸热 | 图 4-68　土壤冬季放热 |

5）交通空间

　　展览中心通过连廊，将不同区域、不同高差的地方都整合起来，交通流线灵活。形成的一系列灰空间结合遮阳措施，营造一条与自然有机联系的、即使在夏季也舒适的交通空间。

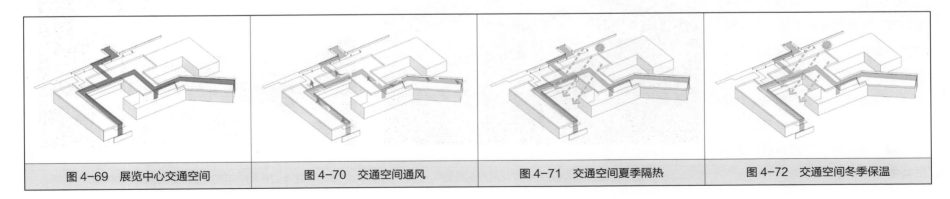

| 图 4-69　展览中心交通空间 | 图 4-70　交通空间通风 | 图 4-71　交通空间夏季隔热 | 图 4-72　交通空间冬季保温 |

4.6 万科西双版纳文化展厅

4.6.1 项目简介

景洪市是云南省西双版纳傣族自治州的首府，位于云南省南端，属亚热带雨林气候，高温多雨、干湿季分明且长夏无冬。万科西双版纳文化展厅位于景洪市榕林大道南，基地周边群山环绕，景色壮丽，地势多起伏，其背靠雨林，面向流沙河，前面是开阔的农田，可远眺澜沧江，周边景观植被茂盛，蕴含原生态的朴素之美。该项目由 XAA 建筑事务所詹涛工作室设计完成，用地面积为 6500m²，总建筑面积为 1100m²，局部有架空。设计师提倡美学让生活回归本真，敏锐地捕捉当代艺术的创新形态，将地域、自然、文化、材质等转化为独特的视觉语言，于空间中营造静谧、闲逸、纯粹的情感体验。建筑设计通透开放，自由的屋顶结合灵活的异形结构，同生机勃勃的自然环境相融共生。

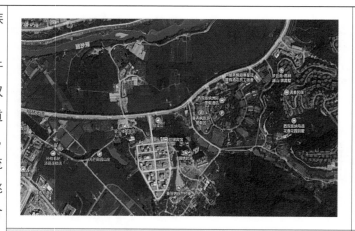

图 4-73　万科西双版纳文化展厅地理位置

图 4-74　万科西双版纳文化展厅效果图

图 4-75　万科西双版纳文化展厅鸟瞰图

图 4-76　万科西双版纳文化展厅周边环境

　　西双版纳傣族是与水有缘的民族，称为水的民族。建筑傍水而建，是当地"水"文化重要的表现特征。场所的构建，对 "水"文化的表达是建筑师思考的重点。傍水而居， "水"才是场所的灵魂和主角。人与水的关系是建筑空间塑造的根本。主体建筑呈"L"形布局，与三个散点布置的向心单坡建筑在场地中围合出了一个"水"的庭院。出挑深远的回廊，通透的玻璃，流动而开放的空间，让水的景色能不被隔离进入室内，水文化得以空间呈现。

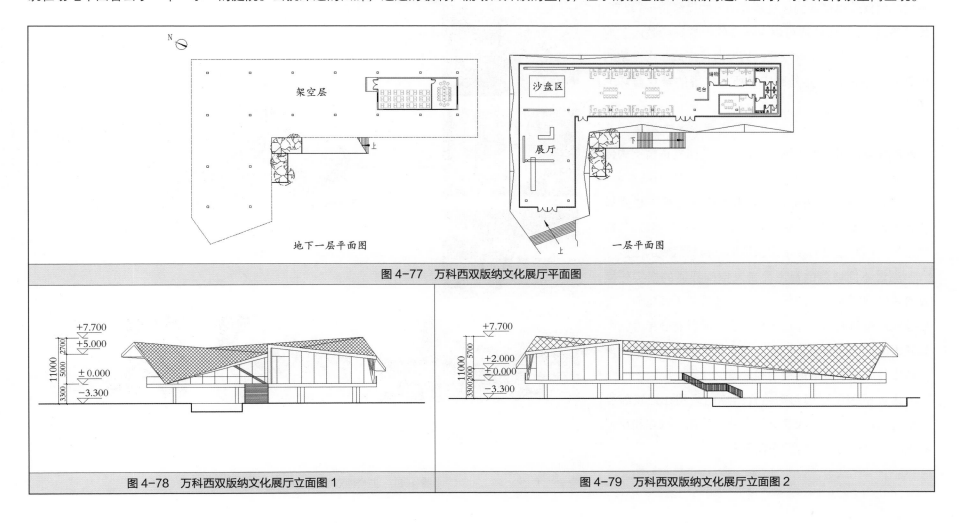

图 4-77　万科西双版纳文化展厅平面图

图 4-78　万科西双版纳文化展厅立面图 1

图 4-79　万科西双版纳文化展厅立面图 2

西双版纳是中国典型干栏式建筑的主要分布地区，独特的气候使得当地的建筑具有明显的地域特征：架空、坡顶等。"L"形环绕可供人行走的出檐回廊顺应了地域性气候，在最大化景观视线的同时，形成一个流动的外部开放空间，并充分回应了所处位置的景观与环境关系。

立面上没有拘泥于传统地域民居的造型符号，而是对其提取解析并加以抽象，以现代的形式语言重构传统元素，以当代材料与建造方式实现地域性表达。

建筑底层整体架空，承袭当地傣族竹楼干栏式建构特点，高低错落的间隙有效地促进了防潮、散热与自然通风，同时也是对场地起伏地形与自然气候的回应。

通过不同坡度的瓦屋面带来空间界面的虚实转换及有序的曲折变化，既传承了当地竹楼的尖顶屋面，又使建筑形态与周边山体走势相呼应，同时充分考虑到雨量较大时期迅速排水的需要。对本土建筑的当代转译，塑造出传统傣族聚落的神韵和意境。

大面积玻璃幕墙与钢结构斜撑的运用让建筑彰显了现代性，实现了当代建筑的地域性表达，构建和重塑着地域、建筑与人之间的角色关系。

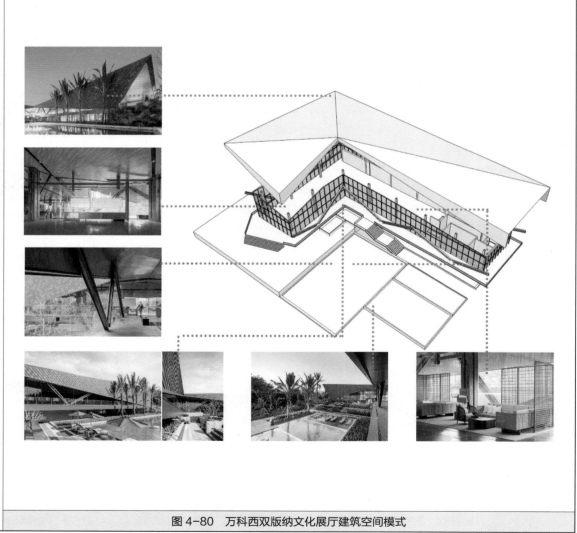

图4-80　万科西双版纳文化展厅建筑空间模式

4.6.2　本土建筑的现代转译

要素	本土建筑	万科西双版纳文化展厅	要素	本土建筑	万科西双版纳文化展厅
朝向			开放空间		
微环境			架空		
材料			坡屋顶		
通透			前廊		

4.6.3 地域性现代建筑绿色技术集成

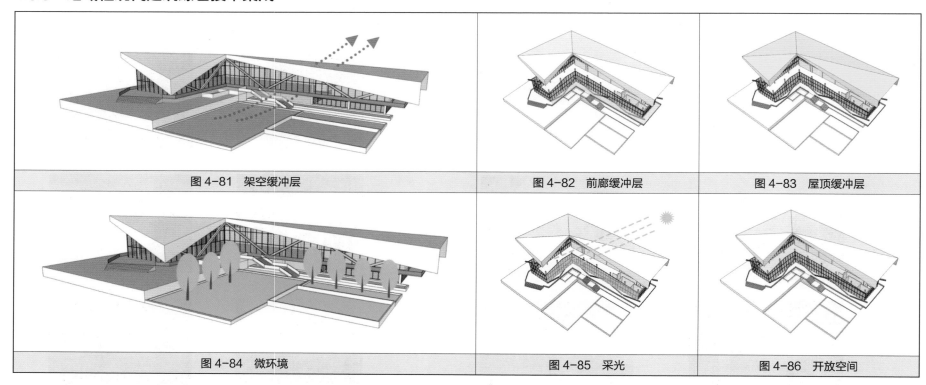

图 4-81 架空缓冲层	图 4-82 前廊缓冲层	图 4-83 屋顶缓冲层
图 4-84 微环境	图 4-85 采光	图 4-86 开放空间

参考文献

[1] 吴樱.巴蜀传统建筑地域特色研究 [D].重庆大学，2007.

[2] 李涛.昆明市团结乡乐居老村彝族传统村落建筑文化研究 [D].云南大学，2015.

[3] 向业容.干栏式苗族民居的研究及其现代启示 [D].西南交通大学，2008.

[4] 唐洪刚.黔东南侗族民居的地域特质与现代启示 [D].重庆大学，2007.

[5] 顾静.贵州侗族村寨建筑形式和构建特色研究 [D].四川大学，2005.

[6] 李越.黔东南侗族传统村落的文化地域性格研究 [D].华南理工大学，2018.

[7] 夏斐.侗族传统村寨聚落中临水景观研究 [D].昆明理工大学，2009.

[8] 张涛，刘加平，王军，等.传统民居土掌房的气候适应性研究 [J].建筑科学，2012，28（4）：76-81.

[9] 蒋蓁蓁，翟辉，雷体洪."一颗印"式民居的建筑形制与传统家庭文化的研究——以昆明地区为例 [J].华中建筑，2016，34（7）：135-138.

[10] 王仕睿.西双版纳傣族传统民居室内空间形态研究 [D].昆明理工大学，2014.

[11] 刘一.西双版纳傣族民居的演变与更新研究 [D].昆明理工大学，2011.

[12] 高芸.中国云南的傣族民居 [M].北京：北京大学出版社，2003.

[13] 柏文峰，曾志海.云南绿色乡土建筑研究与实践 [M].昆明：云南科技出版社，2009.

[14] 王思荀.大理白族民居的演变与更新研究 [D].昆明理工大学，2011.

[15] 杨荣彬.地区性视野下大理白族地区当代建筑创作研究 [D].昆明理工大学，2008.

[16] 宾慧中.中国白族传统合院民居营建技艺研究 [D].同济大学，2006.

[17] 温泉.西南彝族传统聚落与建筑研究 [D].重庆大学，2015.

[18] 杜欢.凉山彝族传统民居造型与色彩研究 [D].重庆大学，2009.

[19] 侯宝石.凉山彝族民居建筑及其文化现象探讨 [D].重庆大学，2004.

[20] 张涛，刘加平，王军，张琪玮. 传统民居土掌房的气候适应性研究 [J]. 建筑科学，2012，28（4）：76-81.

[21] 郝石盟. 民居气候适应性研究 [D]. 清华大学，2016.

[22] 高明. 浅析四川羌寨营建中体现的生态建筑设计 [J]. 建筑与文化，2014（5）：132-133.

[23] 成斌. 四川羌族民居现代建筑模式研究 [D]. 西安建筑科技大学，2015.

[24] 董鑫，杨真静，徐亚男，唐鸣放. 渝东南土家族传统民居通风屋顶热工性能实测研究 [J]. 建筑科学，2021，37（2）：207-214.

[25] 周亮. 渝东南土家族民居及其传统技术研究 [D]. 重庆大学，2005.

[26] 陆龙群. 黔东南丹寨县扬武镇苗族民居变迁研究 [D]. 贵州民族大学，2018.

[27] 姚婳婧. 湘西土家族民居营建技艺研究 [D]. 华南理工大学，2012.

[28] 李祁，张伟. 浅析黔东南苗族民居建筑的元素构成 [J]. 四川建筑科学研究，2012，38（6）：267-270.

[29] 中国建筑西南设计研究院，四川省建筑科学研究院. 木结构设计标准：GB 50005-2017 [S]. 北京：中国建筑工业出版社，2017.

[30] 穆钧. 新型夯土绿色民居建造技术指导图册 [M]. 北京：中国建筑工业出版社，2014.

[31] 蒋高宸. 云南民族住屋文化 [M]. 昆明：云南大学出版社，1997.